中学校3年間の数学が しっかりわかる 問題集

東大卒プロ数学講師
小杉拓也

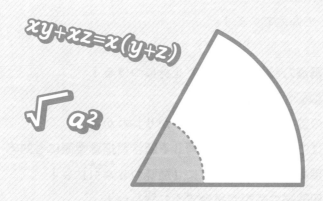

$xy+xz=x(y+z)$

$\sqrt{a^2}$

かんき出版

はじめに
1冊で中学校3年間の数学を身につける問題集の集大成！

　本書を手にとっていただき、誠にありがとうございます。

　この本は、中学校3年間で習う数学を、1冊でゼロからしっかり理解するための問題集（2021年度からの新学習指導要領に対応）で、主に次の方を対象にしています。

①復習や予習をしたい中学生や高校生。高校受験や専門学校受験予定の方
②学び直しや頭の体操をしたい大人の方
③お子さんに中学校で習う数学を復習・予習してほしい、または上手に教えたい親御さん

　ベストセラーとなった『中学校3年間の数学が1冊でしっかりわかる本』の読者の方はもちろん、はじめて手にとってくださった方でも、実際に問題を解きながら、中学校3年分の数学をゼロからしっかり理解することができます。

　この問題集を執筆したきっかけは、『中学校3年間の数学が1冊でしっかりわかる本』の読者からの「もっと問題を解いてみたい！」という声でした。確かに数学は、手を動かして問題を解いてこそ、理解がさらに深まり、実力がついていく科目です。そこで、「実際に問題演習をしながら、数学をゼロから理解できる最高の問題集」を作ることにしたのです。
　「数学の実力をつける問題集の集大成」を皆さんにお届けするために、本書では、7つの強みを独自の特長として備えています。

その1	3ステップで基礎力から応用力までを身につける！
その2	各項目に ココで差がつく！ポイント を掲載！
その3	中学校3年間の数学が短時間で「しっかり」わかる！
その4	範囲とレベルは中学校の教科書と同じ！新学習指導要領にも対応！
その5	用語の理解を深めるために、巻末に「意味つき索引」も！
その6	切り離せる別冊解答の解説が見やすくて詳しい！
その7	中学1年生から大人まで一生使える1冊！

「わかる」ことを、自分のペースで積み重ねていけば、数学の楽しさが見えてきます。少しずつ、数学のおもしろさを知っていただければ幸いです。

『中学校３年間の数学が1冊で
しっかりわかる問題集』の７つの強み

その1 ３ステップで基礎力から応用力までを身につける！

　数学の実力を着実に身につけるためには、「基礎的な問題から解いて、少しずつ応用に入る」のが基本です。そこで本書は、すべての項目を、次の３ステップで構成しました。これにより、基礎力から応用力まで無理なく伸ばせます。

― 理解が深まる３ステップ ―

ステップ1 ▶▶▶ 試してみる 　　　各単元の基礎を、穴うめ問題を解きながら理解する
ステップ2 ▶▶▶ 解いてみる 　　　自力で問題を解いて、基礎力を身につける
ステップ3 ▶▶▶ チャレンジしてみる 　考える問題にチャレンジして、応用力を身につける

　数学は、反復が大切な教科です。何度もくりかえし学習することで、理解が定着し、数学の力が伸びていきます。そのため、上記の３ステップに加えて、それぞれの章末に「まとめテスト」を掲載しています。そこで間違えた問題を反復学習することで、苦手分野をなくし、成績を上げていくことができます。

　また、152ページ〜155ページには、「中学校３年分の総まとめ チャレンジテスト」も掲載しています。最後に、しっかり理解できたかどうか力試しするとよいでしょう。

その2 各項目に ココで*差*がつく！ポイント を掲載！

　中学数学には、「これを知るだけでスムーズに解ける」「ちょっとした工夫でミスがぐんと減る」といったポイントがあります。

　しかし、そういうポイントは、教科書にはあまり載っていません。そこで本書では、私の20年以上の指導経験から、「**学校では教えてくれないコツ**」「**成績が上がる解きかた**」「**ミスを減らす方法**」など、知るだけで差がつくコツを、すべての項目に掲載しました。

その3 中学校３年間の数学が短時間で「しっかり」わかる！

　本書のタイトルの「しっかり」には、２つの意味があります。

　１つめは、中学数学を「**最少の時間**」で「**最大限に理解できる**」ように、大切なことだけを凝縮して掲載しているということ。２つめは、奇をてらった解きかたではなく、中学校の教科書にそった、できるだけ「**正統**」な手順を掲載したということです。

　本書は「**はじめから順に読むだけでスッキリ理解できる**」構成になっています。また、読

む人が理解しやすいように、とにかくていねいに解説することを心がけました。シンプルな計算でも、途中式を省かずに解説しています。

その4 範囲とレベルは中学校の教科書と同じ！新学習指導要領にも対応！

本書で扱う例題や練習問題は、中学校の教科書の範囲とレベルに合わせた内容です。

また、2021年度からの新学習指導要領では、累積度数、四分位範囲、箱ひげ図などの用語が、中学数学の「データの活用」の単元に加わりました。本書では、これらの新たな用語もしっかりと解説しています。

その5 用語の理解を深めるために、巻末に「意味つき索引」も！

数学の学習では、用語の意味をおさえることがとても大事です。用語の意味がわからないと、それがきっかけでつまずいてしまうことがあるからです。

本当の意味で「中学校3年間の数学がわかる」には、数学で出てくる用語とその意味をしっかり知っておく必要があるのです。そこで本書では、「平方根」や「円周角」といった数学独特の用語の意味を、ひとつひとつていねいに解説しています。

その上で、はじめて出てくる用語には、できる限りよみがなをつけ、巻末の「意味つき索引」とリンクさせています。読むだけで「用語を言葉で説明する力」を伸ばしていけます。

その6 切り離せる別冊解答の解説が見やすくて詳しい！

別冊解答の解説は、できる限り詳しく、わかりやすくなるように工夫しました。途中式もしっかり掲載し、自分の間違いや、修正のしかたがすぐにわかるようになっています。

また、別冊解答は切り離して使えます。しかも、もとのページを縮小して解説と解答を載せているため、答え合わせがとてもしやすいつくりとなっています。

その7 中学1年生から大人まで一生使える1冊！

本書のそれぞれの項目には、それを中学校で習う学年を明記しています。そのため、中学生なら、自分の学年で習っている内容を重点的に学習することができます。

高校生から大人の方にとっても、はじめから順に読んだり、学びたい分野だけ読んだりと、それぞれの目的に合わせて使うことが可能です。中学1年生から大人、さらには高齢者の方まで、一生使える1冊だといえるでしょう。

また本書は、『改訂版 中学校3年間の数学が1冊でしっかりわかる本』（2021年2月刊行）と全58項目が完全にリンクしています。ですから、『しっかりわかる本』でまず基礎を理解して、本書で問題を解きながら、理解力や得点力を高めていくのも、おすすめの使いかたです。

本書の使いかた

1 各章で学ぶ分野です

2 この見開き2ページで学ぶ項目です

3 中学校の検定教科書（2021年度からの新学習指導要領に準拠）をもとにした、各項目を習う学年です

4 各項目の問題を解いていく上での一番のポイントです

5 各項目の問題を解く上で、ぜひ知っておきたいポイントです。知るだけで差がつく、さまざまなコツを載せています

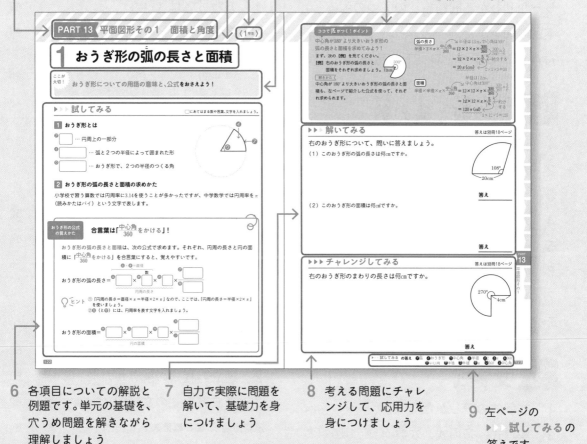

6 各項目についての解説と例題です。単元の基礎を、穴うめ問題を解きながら理解しましょう

7 自力で実際に問題を解いて、基礎力を身につけましょう

8 考える問題にチャレンジして、応用力を身につけましょう

9 左ページの ▶▶▶ 試してみるの答えです

問題の答えと解きかたは、別冊解答を見て確認しましょう。

特典 PDF のダウンロード方法

この本の特典として、「1次方程式の文章題（同じものを2通りで表す問題）」「近似値と有効数字」「平行四辺形の性質と証明問題」の3つを、パソコンやスマートフォンからダウンロードすることができます。日常の学習に役立ててください（「近似値と有効数字」は、この問題集を刊行するにあたり、新たに書き下ろしたものです）。

1 インターネットで下記のページにアクセス

　`パソコンから`

　URL を入力

　https://kanki-pub.co.jp/pages/tksugakumon/

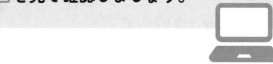

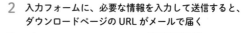

　`スマートフォンから`

　QR コードを読み取る

2 入力フォームに、必要な情報を入力して送信すると、ダウンロードページの URL がメールで届く

3 ダウンロードページを開き、`ダウンロード` をクリックして、パソコンまたはスマートフォンに保存

4 ダウンロードしたデータをそのまま読むか、プリンターやコンビニのプリントサービスなどでプリントアウトする

もくじ

1 正の数と負の数

ここが大切！　**どちらの数が大きいか、不等号を使って表せるようになろう！**

▶▶▶ 試してみる

□にあてはまる数や言葉を入れましょう。
同じ記号には、同じ数や言葉が入ります。

1 正の数と負の数とは

例えば、0より5大きい数を ^ア□ と表すことがあります。

＋は「**プラス**」と読み、**正の符号**といいます。

＋5のように、**0より大きい数を** ^イ□ といいます。

一方、例えば、0より8小さい数を ^ウ□ と表します。－は「**マイナス**」と読み、**負の符号**といいます。

－8のように、**0より小さい数を** ^エ□ といいます。正の数と負の数を合わせて、**正負の数**といいます。

整数には、**正の整数**、**0**、**負の整数**があります。

正の整数のことを ^オ□ ともいいます。

0は ^オ□ ではないので注意しましょう。

> ＋5（0より5大きい）→ 正の数 ┓
> －8（0より8小さい）→ 負の数 ┛ 正負の数

> 整数
> …、－3、－2、－1、0、＋1、＋2、＋3、…
> 負の整数　　　　正の整数（自然数）

2 数の大小

正の数、**0**、**負の数**を、**数直線**（数を対応させて表した直線）で表すと、右のようになります。数直線上では、

^カ□ にある数ほど大きく、^キ□

にある数ほど小さいです（カ、キには「**左**」か「**右**」のどちらかを入れましょう）。

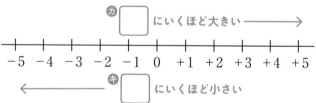

数の大小は、**不等号**を使って表すことができます。

不等号とは、**数の大小を表す記号（＜と＞）**のことです。

大きい数と小さい数があるとき、次のように表します（開いているほうが大きい数です）。

不等号の表しかた

大きい数 ＞ 小さい数　[例] ＋8 ＞ －5

小さい数 ＜ 大きい数　[例] －5 ＜ ＋8

ココで差がつく！ポイント

絶対値の意味をおさえよう！

数直線上で、**0からある数までの距離**を、その数の**絶対値**といいます。

例えば、−3の絶対値は3で、+2の絶対値は2です。

「正負の数から、符号（＋や−）をとりのぞいた数」が、その数の絶対値であるということもできます。

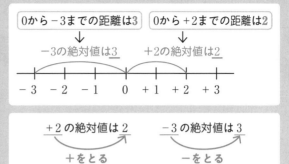

0から−3までの距離は3　　0から+2までの距離は2
↓　　　　　　　　　↓
−3の絶対値は3　　　　+2の絶対値は2

−3　−2　−1　　0　+1　+2　+3

+2の絶対値は2　　　−3の絶対値は3
＋をとる　　　　　　−をとる

▶▶▶ 解いてみる

答えは別冊2ページ

次の数の絶対値を答えましょう。

（1）+7

答え _____

（2）−23

答え _____

（3）0

答え _____

▶▶▶ チャレンジしてみる

答えは別冊2ページ

次の問いに答えましょう。

（1）絶対値が11である数を答えましょう。

答え _____

（2）−5と−4の大小関係を、不等号を使って表しましょう。

答え _____

2 たし算と引き算

正負の数の**たし算と引き算**は、**3ステップ**でおさえよう！

▶▶▶ 試してみる

□にあてはまる数や符号（＋か−）を入れましょう。

1 正の数＋正の数、負の数＋負の数

たし算の答えを和といいます。

正の数＋正の数、負の数＋負の数のような、同じ符号の数のたし算では、絶対値の和に共通の符号をつけて計算します（符号とは、＋と−の記号のことです）。

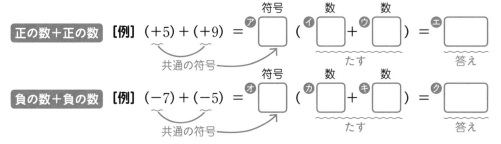

2 正の数＋負の数、負の数＋正の数

正の数＋負の数、負の数＋正の数のような、違う符号の数のたし算では、絶対値の大きいほうから小さいほうを引き、絶対値が大きいほうの符号をつけて計算します。

【例】 $(+3)+(-5)$ = ⁽ケ⁾□（ ⁽コ⁾□ − ⁽サ⁾□ ）= ⁽シ⁾□

絶対値が大きいほうの符号　　引く　　答え

3 正負の数の引き算

引き算の答えを差といいます。

正負の数の引き算では、引く数の符号をかえて、たし算に直して計算します。

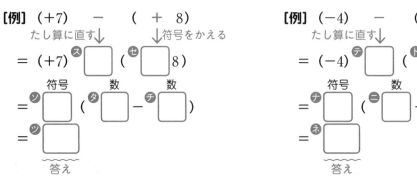

正負の数のたし算と引き算は、
3ステップでマスターできる！

正負の数のたし算と引き算では、まず、次の
ステップ1 と ステップ2 の解きかたをよく練習
しましょう。

ステップ1 　同じ符号どうしのたし算
ステップ2 　違う符号どうしのたし算

その後で学ぶ ステップ3 の「正負の数の引き算」
では、引き算をたし算に直してから計算するので、
ステップ1 と ステップ2 がマスターできていれ
ば、スムーズに学べます。

▶▶▶ 解いてみる

答えは別冊2ページ

次の計算をしましょう。

（1）$(-8)+(-11)$

（2）$(-5)+(+12)$

（3）$(+16)-(-4)$

（4）$(-15)-(-20)$

▶▶▶ チャレンジしてみる

答えは別冊2ページ

次の□にあてはまる数を答えましょう。

（1）$(□)+(-23)=+2$

答え

（2）$(-9)-(□)=-19$

答え

▶▶▶ 試してみる の答え　ア＋　イ5　ウ9　エ＋14　オ－　カ7　キ5　ク－12　ケ－　コ5　サ3　シ－2
ス＋　セ－　ソ－　タ8　チ7　ツ－1　テ＋　ト－　ナ－　ニ4　ヌ6　ネ－10

3 かけ算と割り算

ここが
大切！ かけ算の答えを積といい、割り算の答えを商ということをおさえよう！

▶▶▶ 試してみる

□にあてはまる数や符号（＋か−）を入れましょう。
同じ記号には、同じ数や符号が入ります。

1 正負の数のかけ算

かけ算の答えを積といいます。正負の数のかけ算は、次のように計算します。

> 同じ符号のかけ算（正×正、負×負）→ 絶対値の積に＋をつける
> 違う符号のかけ算（正×負、負×正）→ 絶対値の積に−をつける

（1） $(-8) \times (-5) =$ ⟨ア符号⟩□ (⟨イ数⟩□ × ⟨ウ数⟩□) ＝＋⟨エ数⟩□ ＝⟨エ⟩□ 答え
負　　　負
同じ符号　　　＋は外してもよい

（2） $(-4) \times (+6) =$ ⟨オ符号⟩□ (⟨カ数⟩□ × ⟨キ数⟩□) ＝⟨ク⟩□ 答え
負　　　正
違う符号

※（1）は、同じ符号のかけ算なので、絶対値の積に＋をつけます。
　（2）は、違う符号のかけ算なので、絶対値の積に−をつけます。

2 正負の数の割り算

割り算の答えを商といいます。正負の数の割り算は、次のように計算します。

> 同じ符号の割り算（正÷正、負÷負）→ 絶対値の商に＋をつける
> 違う符号の割り算（正÷負、負÷正）→ 絶対値の商に−をつける

（1） $(-24) \div (-3) =$ ⟨ケ符号⟩□ (⟨コ数⟩□ ÷ ⟨サ数⟩□) ＝＋⟨シ数⟩□ ＝⟨シ⟩□ 答え
負　　　負
同じ符号　　　＋は外してもよい

（2） $(+72) \div (-9) =$ ⟨ス符号⟩□ (⟨セ数⟩□ ÷ ⟨ソ数⟩□) ＝⟨タ⟩□ 答え
正　　　負
違う符号

ココで差がつく！ポイント

**正負の数のかけ算と割り算の
きまりはかんたん！**

同じ符号どうしのかけ算、割り算の答えはど
ちらも正の数になります。一方、違う符号ど
うしのかけ算、割り算の答えはどちらも負の
数になります。このようにおさえておけば、
答えの符号を間違えにくくなります。

・同じ符号どうしのかけ算、割り算

【例】 $\underset{正}{(+2)} \times \underset{正}{(+3)} = \underset{正}{6}$　　$\underset{負}{(-6)} \div \underset{負}{(-2)} = \underset{正}{3}$

・違う符号どうしのかけ算、割り算

【例】 $\underset{負}{(-2)} \times \underset{正}{(+3)} = \underset{負}{-6}$　　$\underset{正}{(+6)} \div \underset{負}{(-2)} = \underset{負}{-3}$

▶▶▶ 解いてみる

答えは別冊2ページ

次の計算をしましょう。

（1）$(+7) \times (+6)$

（2）$(+9) \times (-6)$

（3）$(-18) \times (-7)$

（4）$(-36) \div (+3)$

（5）$(+90) \div (+5)$

（6）$(+224) \div (-16)$

▶▶▶ チャレンジしてみる

答えは別冊2ページ

次の計算をしましょう（小数や分数も同じように計算できます）。

（1）$(+6.2) \times (-0.9)$

（2）$\left(-\dfrac{25}{8}\right) \times \left(-\dfrac{22}{15}\right)$

（3）$(-28.32) \div (-5.9)$

（4）$(-3.6) \div \left(+\dfrac{48}{35}\right)$

4 かけ算と割り算だけの式

ここが大切！ かけ算と割り算だけでできた式では、負の数の個数に注目しよう！

▶▶▶ 試してみる

□にあてはまる数や符号（＋か−）を入れましょう。
同じ記号には、同じ数や符号が入ります。

かけ算と割り算だけでできた式では、**負の数が偶数個（2、4、6、…）なら答えは正の数**になります。一方、**負の数が奇数個（1、3、5、…）なら答えは負の数**になります。

[例] 次の計算をしましょう。

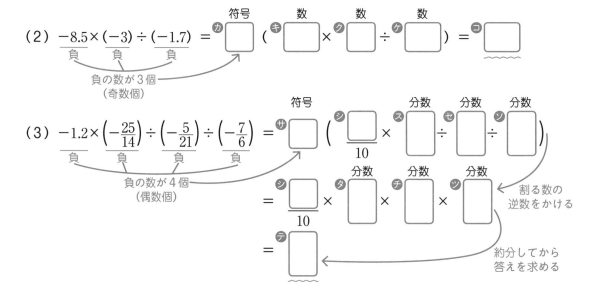

(1) $-4 \times 3 \times (-6) =$ ⑦符号□ (⑦数□ × ⑦数□ × ⑦数□) = ⑦符号□ ⑦数□ = ⑦□

負──負
負の数が2個
（偶数個）

※ （1）で、−4にかっこをつけて、（−4）にしても意味は同じです。また、3を＋3としてかっこをつけて、（＋3）にしても意味は同じです。ただし、（−6）のかっこを外すことはできません。なぜなら、×−のように、2つ続けて書くことはできないからです。

$-4=(-4)$　　　$3=(+3)$　　　×−となるのでかっこは外せない

$-4 \times 3 \times (-6) = (-4) \times 3 \times (-6) = (-4) \times (+3) \times (-6)$

どの式も意味は同じ

(2) $-8.5 \times (-3) \div (-1.7) =$ ⑦符号□ (⑦数□ × ⑦数□ ÷ ⑦数□) = ⑦□

負──負──負
負の数が3個
（奇数個）

(3) $-1.2 \times \left(-\dfrac{25}{14}\right) \div \left(-\dfrac{5}{21}\right) \div \left(-\dfrac{7}{6}\right) =$ ⑦符号□ (⑦分数 □/10 × ⑦分数□ ÷ ⑦分数□ ÷ ⑦分数□)

負──負──負──負
負の数が4個
（偶数個）

$=$ ⑦分数 □/10 × ⑦分数□ × ⑦分数□ × ⑦分数□

割る数の逆数をかける

$=$ ⑦□

約分してから答えを求める

なぜ、負の数が偶数個だと答えが＋、
奇数個だと答えが－になるのか？

右のように、－1のかけ算で考えると、答えが正
になったり、負になったりする理由がわかります。

割り算の場合も、次のように、かけ算に直すこと
ができるので、同様に説明できます。

$(-1) \div (-1) = (-1) \div (-\frac{1}{1}) = (-1) \times (-1)$
$= +1$ 　正

・－1が2個（偶数個）
→ $(-1) \times (-1) = +1$ 　正

・－1が3個（奇数個）
→ $\underbrace{(-1) \times (-1)}_{(-1) \times (-1) = +1} \times (-1) = (+1) \times (-1)$

$= -1$ 　負

・－1が4個（偶数個）
→ $(-1) \times (-1) \times (-1) \times (-1) = +1$ 　正

⇒答えに 正の数 と 負の数 がくり返されていく

▶▶▶▶ 解いてみる

答えは別冊3ページ

次の計算をしましょう。

（1） $-8 \div (-4) \times 2$

（2） $7 \times 9 \div (-10)$

（3） $-1 \times (-3) \div (-2) \times (-6)$

▶▶▶ チャレンジしてみる

答えは別冊3ページ

次の計算をしましょう。

（1） $-23.87 \div 5.5 \div 1.4$

（2） $-\frac{45}{46} \times \left(-\frac{3}{22}\right) \div \left(-\frac{27}{77}\right) \times 2.3$

（3） $-7.15 \div \frac{5}{4} \times 0 \div \frac{20}{3}$

▶▶▶ 試してみる の答え　ア＋　イ4　ウ3　エ6　オ72　カ－　キ8.5　ク3　ケ1.7　コ－15　サ＋　シ12
ス$\frac{25}{14}$　セ$\frac{5}{21}$　ソ$\frac{7}{6}$　タ$\frac{25}{14}$　チ$\frac{21}{5}$　ツ$\frac{6}{7}$　テ$\frac{54}{7}$

15

5 累乗とは

るいじょう

▶▶▶ 試してみる

□にあてはまる数を入れましょう。
（例えば、2^3のような数もふくまれます）

同じ数をいくつかかけたものを、その数の累乗といいます。

例えば、5×5は、5^2と表します（読みかたは「5の2乗」）。

8×8×8は、$\overset{ア}{\boxed{}}$と表します（読みかたは「8の3乗」）。

2乗のことを平方ともいいます。　【例】6^2→6の平方

3乗のことを立方ともいいます。　【例】7^3→$\overset{イ}{\boxed{}}$の立方

7^3の右上に小さく書いた数の3を、**指数**といい、**かけた数の個数**を表します。

$$\underbrace{7\times7\times7}_{\text{7を3個かける}}=7^3\!\!\overset{\text{指数}}{\longleftarrow}$$

【例】次の積を、累乗の指数を用いて表しましょう。

（1）$3\times3\times3\times3=\overset{ウ}{\boxed{}}$

（2）$(-10)\times(-10)\times(-10)=\overset{エ}{\boxed{}}$

（3）$2.8\times2.8=\overset{オ}{\boxed{}}$

（4）$\dfrac{2}{7}\times\dfrac{2}{7}\times\dfrac{2}{7}\times\dfrac{2}{7}\times\dfrac{2}{7}=\overset{カ}{\boxed{}}$

（2）と（4）の💡ヒント

※（2）は、-10^3を答えにしないようにしましょう。-10^3だと、10だけを3回かけるという意味になります。

$-10^3=-(10\times10\times10)$ ← 10だけを3回かける

※（4）は、$\dfrac{2}{7}^5$を答えにしないようにしましょう。$\dfrac{2}{7}^5$だと、分子の2だけを5回かけるという意味になります。

$\dfrac{2}{7}^5=\dfrac{2\times2\times2\times2\times2}{7}$ ←**分子の2だけを5回かける**

ココで差がつく！ポイント

累乗をふくむかけ算と割り算では、
計算の順序に注意しよう！

例えば、「5×3^2」という式は、どういう順に計算すればいいのでしょうか？

5×3（$= 15$）を先に計算するのは間違いなので注意しましょう。

累乗をふくむかけ算と割り算では、まず累乗を計算してから、**次にかけ算と割り算をします。**つま

り、次のように計算するのが正しいのです。

$$
\begin{aligned}
&5 \times 3^2 \\
={}& 5 \times 9 \quad \text{累乗を先に計算（$3^2 = 9$）} \\
={}& 45 \quad \text{かけ算}
\end{aligned}
$$

正しい順で計算できるように練習していきましょう。

▶▶▶ 解いてみる

答えは別冊3ページ

次の□にあてはまる数を答えましょう。

（1）$-6^2 = -\left(\boxed{} \times \boxed{}\right) = \boxed{}$

（2）$(-6)^2 = \left(\boxed{}\right) \times \left(\boxed{}\right) = \boxed{}$

（3）$-(-6)^2 = -\left\{\left(\boxed{}\right) \times \left(\boxed{}\right)\right\} = \boxed{}$

▶▶▶ チャレンジしてみる

答えは別冊3ページ

次の計算をしましょう。

（1）$10 \times (-2)^3$

（2）$(-4)^3 \div (-8)$

（3）$-2^4 \times 3^2$

（4）$9^3 \div (-3^4)$

（5）$(-5)^2 \times (-1^2) \div (-5^2)$

6 四則のまじった計算

しそく

ここが
大切！　**四則のまじった式では、計算の順序に気をつけよう！**

▶▶▶ **試してみる**

□にあてはまる数を入れましょう。
同じ記号には、同じ数が入ります。

たし算、引き算、かけ算、割り算をまとめて、**四則**といいます。

四則のまじった計算では、次の順で計算するようにしましょう。

| 累乗、かっこの中 → 　かけ算、割り算 → 　たし算、引き算 |

【例】 次の計算をしましょう。

（1）$2-(-5) \times (-4)$

$= 2 - \boxed{ア }$ ← 先にかけ算

$= \boxed{イ }$ 引き算

（2）$-21 \div 3 - (-6) \times 5$

割り算と
かけ算を
先に計算

$= \boxed{ウ } - (\boxed{エ })$

$= \boxed{ウ } + \boxed{オ } = \boxed{カ }$
　　　　　　たし算

（3）$-16 \div (4-12)$

$= -16 \div (\boxed{キ })$ 先にかっこの中

$= \boxed{ク }$

（4）$-1 + 54 \div 3^3$

累乗($3 \times 3 \times 3$)

$= -1 + 54 \div \boxed{ケ }$

$= -1 + \boxed{コ }$ 割り算

$= \boxed{サ }$ たし算

（5）$8 - (30 - 2^5) \times 6$

累乗($2 \times 2 \times 2 \times 2 \times 2$)

$= 8 - (30 - \boxed{シ }) \times 6$

$= 8 - (\boxed{ス }) \times 6$ かっこの中

$= 8 - (\boxed{セ })$ かけ算

$= 8 + \boxed{ソ } = \boxed{タ }$
たし算

ココで差がつく！ポイント

かっこの位置で答えが変わることに注意しよう！

例えば、次の計算のように、かっこの位置によって答えが変わることがあります。

かっこがどこについているかを確認して、計算の順序を守りながら、慎重に解いていきましょう。

$$(-6-8) \div 2 - 1$$
$$= -14 \div 2 - 1 \quad \leftarrow \text{かっこの中}$$
$$= -7 - 1 \quad \leftarrow \text{割り算}$$
$$= -8$$

$$-6 - (8 \div 2) - 1$$
$$= -6 - 4 - 1 \quad \leftarrow \text{かっこの中}$$
$$= -11$$

$$-6 - 8 \div (2 - 1)$$
$$= -6 - 8 \div 1 \quad \leftarrow \text{かっこの中}$$
$$= -6 - 8 \quad \leftarrow \text{割り算}$$
$$= -14$$

▶▶▶ 解いてみる

答えは別冊3ページ

次の計算をしましょう。

（1） $-9 \times 3 + 24 \div (-12)$

（2） $(-10 + 8) \times (-10)$

（3） $-15 + (-4)^2 \div 2$

▶▶▶ チャレンジしてみる

答えは別冊3ページ

次の計算をしましょう。

（1） $-96 \div (-2)^4 + (-2^4 \times 3)$

💡ヒント （2）のように、中かっこ{ }のある計算では、小かっこ（ ）の中を先に計算してから、中かっこ{ }の中を計算しましょう。

（2） $\{-30 - (-7 + 3^3)\} \div (-5)^2$

▶▶▶ **試してみる の答え** ㋐20 ㋑-18 ㋒-7 ㋓-30 ㋔30 ㋕23 ㋖-8 ㋗2
㋘27 ㋙2 ㋚1 ㋛32 ㋜-2 ㋝-12 ㋞12 ㋟20

7 素因数分解とは

ここが
大切！ **素数**と**素因数分解**の意味をおさえよう！

▶▶▶ **試してみる**

□にあてはまる数を入れましょう。
同じ記号には、同じ数が入ります。

1 素数とは

例えば、2の約数は、1と2だけです。また、7の約数は、1と7だけです。

2や7のように、**1とその数自身しか約数がない数**を**素数**といいます。

いいかえると、**約数が2つだけの数**が素数であるということもできます。

1は、約数が1つしかないので、素数ではありません。

例えば、1から15までの中で、素数は（小さい順に）、⑦□、⑦□、⑦□、⑤□、

⑦□、⑦□の6つです。

2 素因数分解とは

自然数を素数だけの積に表すことを、**素因数分解**といいます。

例えば10なら、10＝**2×5**というように、素数だけの積に表すことができます。これが素因数分解です。

【例】 60を素因数分解しましょう。

解きかた

①60を割り切れる素数を探します。60は、**素数の2**で割り切れるので、右のように60を2で割りましょう。

2) 60
⑦□ ← 60÷2 の答え

②⑦□を割り切れる素数を探します。⑦□は、**素数の2**で割り切れるので、右のように⑦□を2で割りましょう。

2) 60
2) ⑦□
⑦□ ← ⑦□÷2 の答え

③⑦□を割り切れる素数を探します。⑦□は、**素数の3**で割り切れるので、右のように⑦□を3で割りましょう。

2) 60
2) ⑦□
3) ⑦□
5 ← ⑦□÷3 の答え

商（割り算の答え）の5は素数なので、ここで割るのをストップします。このように、**商に素数が出てきたら割るのをストップ**しましょう。

5は素数なので、ここでストップ！

④これで、もとの数60を、L字型に並んだ素数の積に分解できました。つまり、60を素因数分解することができたということです。「$2^2 \times 3 \times 5$」が答えです。

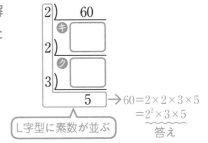

$$60 = 2 \times 2 \times 3 \times 5 = 2^2 \times 3 \times 5$$
答え

L字型に素数が並ぶ

ココで差がつく！ポイント

2021年度から中1の範囲になった、素数と素因数分解！
以前は、素数は小5、素因数分解は中3の範囲でしたが、新しい学習指導要領では、どちらも中1の範囲に加わりました。

素数と素因数分解を別々に学ぶよりも、セットで学んだほうが、数への理解が深まるでしょう。素因数分解については、中3で学ぶ「平方根」でも使いますので、今のうちにしっかり理解しておきましょう。

▶▶▶ 解いてみる

答えは別冊3ページ

次の数を素因数分解しましょう。

（1）　18

（2）　200

（3）　128

▶▶▶ チャレンジしてみる

答えは別冊3ページ

次の数を素因数分解しましょう。

（1）　161

（2）　1110

💡ヒント　どの数で割り切れるかわからないときは、素数の小さい順に、2、3、5、7、…と割っていって、割り切れるかどうか確かめましょう。

正の数と負の数
まとめテスト

答えは別冊4ページ

※何度も復習したい方は、直接書き込まずノートを使うとよいでしょう。

1 次の計算をしましょう。
[各5点、計20点]

（1）$(+2)+(-11)$

（2）$(-18)+(-29)$

（3）$(+9)-(-19)$

（4）$(-45)-(+36)$

2 次の計算をしましょう。
[各5点、計20点]

（1）$(-8)\times(+8)$

（2）$(-3.5)\times(-2.4)$

（3）$(+77)\div(-11)$

（4）$\left(-\dfrac{39}{28}\right)\div\left(-\dfrac{26}{35}\right)$

3 次の計算をしましょう。
[各5点、計15点]

（1）$-10\times(-3)\div(-5)$

（2） $\dfrac{8}{3} \div \left(-\dfrac{30}{17}\right) \times \left(-\dfrac{15}{16}\right)$

（3） $-15 \div (-3.1) \div \left(-\dfrac{20}{3}\right) \div \left(-\dfrac{45}{62}\right)$

4 次の計算をしましょう。
［各5点、計15点］

（1） $(-11)^2$

（2） $(-2)^3 \times (-2^2)$

（3） $-6^3 \div (-3)^2 \div 2^3 \times (-5^2)$

5 次の計算をしましょう。
［各5点、計15点］

（1） $-8-12 \div (-4)$

（2） $-2 \times (-7^2 + 9 \div 3)$

（3） $(3^3 - 5^2 \times 3) \div (-7^2 + 51)$

6 次の数を素因数分解しましょう。
［各5点、計15点］

（1）　　72

（2）　　189

（3）　　473

1 文字式の表しかた

文字式のルールを、一つひとつおさえていこう！

▶▶▶ 試してみる

□にあてはまる文字式を入れましょう。

文字を使った式のことを、**文字式**といいます。
文字式を使って積（かけ算の答え）を表すときは、次の5つのルールがあります。

[ルール1]
文字のまじったかけ算では、記号×を省く

$$x \times y \times z = \boxed{}^{ア}$$
↑　↑
×を省く

[ルール2]
文字どうしの積は、**アルファベット順**に並べることが多い

$$d \times b \times c \times a = \boxed{}^{イ}$$
↑
アルファベット順

[ルール3]
数と文字の積では、「**数＋文字**」の順に書く

$$a \times 5 = \boxed{}^{ウ}$$
↑
「数＋文字」の順（a5は間違い）

[ルール4]
同じ文字の積は、**累乗の指数**を用いて表す

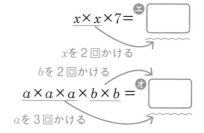

$$x \times x \times 7 = \boxed{}^{エ}$$
xを2回かける

bを2回かける
$$a \times a \times a \times b \times b = \boxed{}^{オ}$$
aを3回かける

[ルール5]
1と文字の積は、1を省く。−1と文字の積は、−だけを書いて1を省く

※ 0.1 や 0.01 の 1 は、省かないので、注意しましょう。

$$x \times 1 = \boxed{}^{カ}$$
1を省く（1xは間違い）

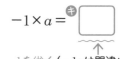

$$-1 \times a = \boxed{}^{キ}$$
1を省く（−1aは間違い）

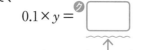

$$0.1 \times y = \boxed{}^{ク}$$
0.1の1は省かない（0.yは間違い）

$$x \times 0.01 = \boxed{}^{ケ}$$
0.01の1は省かない（0.0xは間違い）

ココで差がつく！ポイント

商の表しかたもマスターしよう！

左ページでは、文字式の積の表しかたを学びましたが、商（割り算の答え）の表しかたのルールも合わせておさえましょう。

文字式を使って商を表すときは、記号÷を使わずに、分数の形で書くようにします。次の公式を利用しましょう。

$$\triangle \div \bigcirc = \frac{\triangle}{\bigcirc}$$

例として、次の（1）〜（4）の割り算を、文字式の商の表しかたにしたがって表します。

（1）$x \div 10 = \dfrac{x}{10}$ （または $\dfrac{1}{10}x$）

　　　$\triangle \div \bigcirc = \dfrac{\triangle}{\bigcirc}$ を利用

（2）$3a \div 8 = \dfrac{3a}{8}$ （または $\dfrac{3}{8}a$）

（3）$-2y \div 9 = \dfrac{-2y}{9} = -\dfrac{2y}{9}$ （または $-\dfrac{2}{9}y$）

　　　−を分数の前に出す

（4）$4x \div (-5) = \dfrac{4x}{-5} = -\dfrac{4x}{5}$ （または $-\dfrac{4}{5}x$）

　　　−を分数の前に出す

※（3）（4）のような $\dfrac{-\triangle}{\bigcirc}$ や $\dfrac{\triangle}{-\bigcirc}$ という形は、−を分数の前に出して、$-\dfrac{\triangle}{\bigcirc}$ の形に直して答えにしましょう。

▶▶▶ 解いてみる

答えは別冊4ページ

次の式を、文字式の表しかたにしたがって表しましょう。

（1）$y \times (-3) \times z \times x$

（2）$b \times a \times 1 \times c$

（3）$a \times a \times (-1) \times a$

（4）$y \times x \times (-0.01) \times y$

（5）$y \div 5$

（6）$-8a \div 11$

▶▶▶ チャレンジしてみる

答えは別冊4ページ

次の文字式を、×の記号を用いて表しましょう。

（1）$7a^2b$

（2）$-x^2y^3$

2 単項式、多項式、次数

ここが大切！ **単項式、多項式、次数**などの意味をスラスラ言えるようになろう！

▶▶▶ **試してみる**

□にあてはまる数を入れましょう。
同じ記号には、同じ数が入ります。

1 単項式と多項式

$2x$、$-7a^2$のように、**数や文字のかけ算だけでできている式**を、**単項式**といいます。bや-5など、**1つだけの文字や数**も単項式にふくめます。

$2x$の2や、$-7a^2$の-7のように、**文字をふくむ単項式の数の部分**を**係数**といいます。

一方、$3x+5y+4$のように、**単項式の和の形で表された式**を、**多項式**といいます。

多項式で、＋で結ばれた一つひとつの単項式を、多項式の**項**といいます。

> 単項式の例 → $2x$、$-7a^2$、b、-5
> 2は係数　-7は係数

> 多項式の例 → $3x+5y+4$
> 項　項　項

2 単項式の次数

単項式では、**かけ合わされている文字の個数**を、その式の**次数**といいます。

例えば、**単項式$6xy$**は、xとyの □ つの文字がかけあわされているので、次数は ア□ です。

また、**単項式$-2a^2b^3$**は、a、a、b、b、bの □ つの文字がかけ合わされているので、次数は イ□ です。

> $6xy = 6 \times x \times y$
> 文字が ア□ つ（次数は ア□ ）

> $-2a^2b^3 = -2 \times a \times a \times b \times b \times b$
> 文字が イ□ つ（次数は イ□ ）

3 多項式の次数

多項式では、**それぞれの項の次数のうち、もっとも大きいもの**を、その式の**次数**といいます（「単項式の次数」と意味が違うので注意しましょう）。

次数が1の式を **1次式**、**次数が2の式**を **2次式**、**次数が3の式**を **3次式**、…といいます。

例えば、**多項式 $xy^2+2x-3y$** が、何次式か調べてみましょう。この多項式の項のうち、項の次数がもっとも大きいのはxy^2の ウ□ です（ ウ□ には、次数の数を入れましょう）。だから、この多項式は、 ウ□ 次式だとわかります。

> $xy^2 + 2x - 3y = xy^2 + 2x + (-3y)$
> 次数は ウ□ ー 項　項　項
> 次数は1

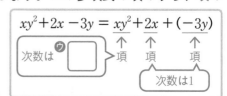

単項式の次数をすばやく知る方法とは？

例えば、単項式 a^3bc^2 の次数について、調べてみましょう。

「$a^3bc^2 = a \times a \times a \times b \times c \times c$」であり、6つの文字がかけ合わされているので、次数は6です。ただし、「$a^3bc^2 = a \times a \times a \times b \times c \times c$」のように、式を変形して調べるのは、時間がかかります。

そこで、もっとスムーズに次数を求める方法を紹介します。a の次数は3、b の次数は1、c の次数は2なので、これらをたして、$(3 + 1 + 2 =)$ 6が次数であると求める方法です。慣れてきたら、こちらの方法のほうが、すばやく次数を調べることができます。

$$a^3bc^2 = a^3b^1c^2 \qquad \text{それぞれの次数をたす}$$
$$3 + 1 + 2 = 6$$
$$b = b^1 \text{と考える} \qquad\qquad \uparrow \text{次数}$$

▶▶▶ 解いてみる

答えは別冊4ページ

次の□にあてはまる文字式や数を答えましょう。同じ記号には、同じ文字式や数が入ります。

（1）単項式 $-11ab$ の、係数は ^あ□ 、次数は ^い□ です。

（2）多項式 $9x^3 - 2x^2$ の項は、左から順に ^う□ 、 ^え□ です。 ^う□ の係数は ^お□ で、 ^え□ の係数は ^か□ です。また、多項式 $9x^3 - 2x^2$ は、 ^き□ 次式です。

▶▶▶ チャレンジしてみる

答えは別冊4ページ

次の多項式は何次式ですか。

$$a^2bc^3 - 3a^5c^2 + 2a^2b^3c^2$$

答え _____

3 多項式のたし算と引き算

ここが大切！ **同類項をまとめる公式**をおさえよう！

$$\begin{cases} ○x + △x = (○+△)x \\ ○x - △x = (○-△)x \end{cases}$$

▶▶▶ 試してみる

□にあてはまる文字式や数を入れましょう。

1 同類項をまとめる

多項式で、文字の部分が同じ項を、同類項といいます。例えば、$5x$ と $6x$ は、文字 x の部分が同じなので同類項です。

同類項は、次の公式を使って、1つの項にまとめられます。

同類項をまとめる公式

$○x + △x = (○+△)x$ 　【例】$5x+6x=(^{ア}\boxed{}+^{イ}\boxed{})x=^{ウ}\boxed{}$

$○x - △x = (○-△)x$ 　【例】$3a-7a=(^{エ}\boxed{}-^{オ}\boxed{})a=^{カ}\boxed{}$

---

2 多項式のたし算と引き算

多項式のたし算は、かっこをそのまま外して、同類項をまとめます。

【例】$(4x+5y)+(2x-11y)$ 　　かっこを外す

$=4x+5y+2x-11y$ 　　　　同類項をまとめる

$=(^{キ}\boxed{}+^{ク}\boxed{})x+(^{ケ}\boxed{}-^{コ}\boxed{})y=^{サ}\boxed{}$

多項式の引き算は、次の2ステップで計算します。

①－の後のかっこの中のそれぞれの項の符号（＋と－）をかえて、かっこを外す
②同類項をまとめる

－の後のかっこ

【例】$(3a-4b)-(10a-12b)$

注意！
かっこを外すと符号がかわる

$=3a-4b-10a+12b$ 　　同類項をまとめる

$=(^{シ}\boxed{}-^{ス}\boxed{})a+(-^{セ}\boxed{}+^{ソ}\boxed{})b=^{タ}\boxed{}$

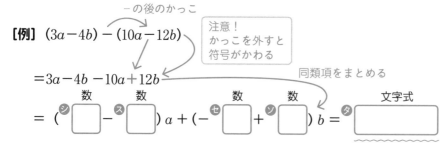

ココで差がつく！ポイント

a^2とaは同類項ではないことに注意！

例えば、「$5a^2+2a-3a^2+6a$」という式で、a^2とaは同類項ではないのでまとめられないことに注意しましょう。

例えば、右上のように計算するのは間違いです。

正しくは、右下のように計算しましょう。

【間違いの例】

$$5a^2+2a-3a^2+6a=\underline{(5+2-3+6)\,a^2}=\underline{10a^2}$$

a^2とaは同類項ではないので、まとめるのは×

【正しい解きかた】

$$5a^2+2a-3a^2+6a \quad \text{同類項をまとめる}$$
$$=(5-3)\,a^2+(2+6)\,a=\underline{2a^2+8a}$$
$$\text{正解〇}$$

▶▶▶ 解いてみる

答えは別冊5ページ

次の計算をしましょう。

（1）$(-2x+6y)+(4x+3y)$

（2）$(a-15b)+(-14a-2b)$

（3）$(-x-y)-(x+y)$

（4）$(11a+2b)-(-3a-5b)$

▶▶▶ チャレンジしてみる

答えは別冊5ページ

次の計算をしましょう。

（1）$(5x^2-x-9)+(2x^2+8x+1)$

（2）$(-a^2-9a+10)-(-4a^2-18a+15)$

4 単項式のかけ算と割り算

ここが大切！

単項式と数、単項式どうしのかけ算と割り算のしかたをおさえよう！

▶▶▶ **試してみる**

□にあてはまる文字式や数を入れましょう。
同じ記号には、同じ文字式や数が入ります。

1 単項式×数、単項式÷数

単項式×数は、単項式をかけ算に分解し、数どうしをかけて求めましょう。

【例】

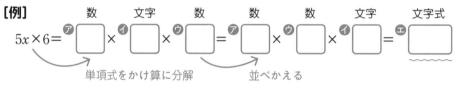

数 文字 数 数 数 文字 文字式

$5x \times 6 = \boxed{}^{ア} \times \boxed{}^{イ} \times \boxed{}^{ウ} = \boxed{}^{ア} \times \boxed{}^{ウ} \times \boxed{}^{イ} = \boxed{}^{エ}$

単項式をかけ算に分解　　並べかえる

単項式÷数は、割り算をかけ算に直して求めましょう。

【例】

文字 文字式

$-56y \div (-7) = -56y \times \left(-\dfrac{1}{7}\right) = -\overset{8}{56} \times \left(-\dfrac{1}{\underset{1}{7}}\right) \times \boxed{}^{オ} = \boxed{}^{カ}$

割り算をかけ算に直す　　並べかえて約分

2 単項式×単項式、単項式÷単項式

単項式×単項式は、単項式をかけ算に分解し、数どうし、文字どうしをかけて求めましょう。

【例】

（1） $-2x \times 11y$　　かけ算に分解

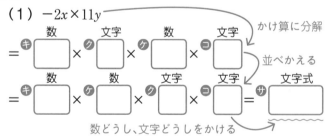

数 文字 数 文字

$= \boxed{}^{キ} \times \boxed{}^{ク} \times \boxed{}^{ケ} \times \boxed{}^{コ}$　　並べかえる

数 数 文字 文字 文字式

$= \boxed{}^{キ} \times \boxed{}^{ケ} \times \boxed{}^{ク} \times \boxed{}^{コ} = \boxed{}^{サ}$

数どうし、文字どうしをかける

（2） $(-5a)^2 \times 2b$　　累乗をかけ算に直す

$= (-5a) \times (-5a) \times 2b$　　かけ算に分解

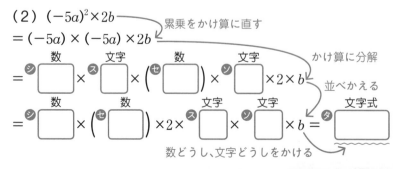

数 文字 数 文字

$= \boxed{}^{シ} \times \boxed{}^{ス} \times \left(\boxed{}^{セ}\right) \times \boxed{}^{ソ} \times 2 \times b$　　並べかえる

数 数 文字 文字 文字式

$= \boxed{}^{シ} \times \left(\boxed{}^{セ}\right) \times 2 \times \boxed{}^{ス} \times \boxed{}^{ソ} \times b = \boxed{}^{タ}$

数どうし、文字どうしをかける

「単項式÷単項式」の計算のしかたについては、 ココで差がつく！ポイント を見てください。

ココで差がつく！ポイント

「単項式÷単項式」の計算の コツと注意点とは？

単項式÷単項式は、数どうし、文字どうしを約分できるときは約分して求めましょう。

右の（2）の計算で、$\frac{9}{20}a$ の逆数を $\frac{20}{9}a$ とする間違いが多く見られるので、気をつけましょう。$\frac{9}{20}a = \frac{9a}{20}$ なので、$\frac{9}{20}a$ の逆数は $\frac{20}{9a}$ です。

【例】

（1）$-18xy \div 9y$ $\triangle \div \bigcirc = \frac{\triangle}{\bigcirc}$

$= -\dfrac{18xy}{9y}$ を利用

$= -\dfrac{\overset{2}{\cancel{18}} \times x \times \overset{1}{\cancel{y}}}{\underset{1}{\cancel{9}} \times \underset{1}{\cancel{y}}}$ かけ算に分解して、数どうし、文字どうしを約分

$= -2x$

（2）$\dfrac{3}{10}ab \div \dfrac{9}{20}a$ 文字を分子に移す

$= \dfrac{3ab}{10} \div \dfrac{9a}{20}$ 割り算をかけ算に直す

$= \dfrac{3ab}{10} \times \dfrac{20}{9a}$ かけ算に分解して、数どうし、文字どうしを約分

$= \dfrac{\overset{1}{\cancel{3}} \times \cancel{a} \times b \times \overset{2}{\cancel{20}}}{\underset{1}{\cancel{10}} \times \underset{3}{\cancel{9}} \times \cancel{a}}$

$= \dfrac{2b}{3}$（または $\dfrac{2}{3}b$）

▶▶▶ 解いてみる

答えは別冊5ページ

次の計算をしましょう。

（1）$2x \times (-12)$

（2）$-\dfrac{5}{11}y \times 22$

（3）$64a \div (-8)$

（4）$-6x \div \dfrac{10}{9}$

▶▶▶ チャレンジしてみる

答えは別冊5ページ

次の計算をしましょう。

（1）$-3a \times (-2b)^3 \times (-5c)$

（2）$\dfrac{26}{21}x^2y \div \dfrac{13}{14}x \div \dfrac{8}{9}y$

5 多項式と数のかけ算と割り算

ここが大切！ かっこ（　）を外すときに、符号（＋と－）がかわることがあるので注意！

▶▶▶ 試してみる

□にあてはまる文字式や数を入れましょう。

1 多項式と数のかけ算と割り算

多項式と数のかけ算は、**分配法則**を使って計算しましょう。

分配法則とは、右のような法則です。

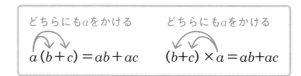

どちらにもaをかける　　　どちらにもaをかける
$$a(b+c)=ab+ac \qquad (b+c)\times a=ab+ac$$

[例1] 次の計算をしましょう。

どちらにも5をかける

（1）$5(3a+2b)=$ ア□ 数 × イ□ 文字式 ＋ ウ□ 数 × エ□ 文字式 ＝ オ□ 文字式

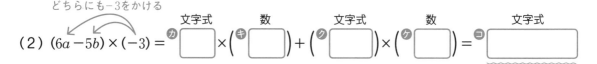

どちらにも－3をかける

（2）$(6a-5b)\times(-3)=$ カ□ 文字式 ×（キ□ 数）＋（ク□ 文字式）×（ケ□ 数）＝ コ□ 文字式

多項式と数の割り算は、次の**[例2]**のように、**割り算をかけ算に直してから**、**分配法則**を使って計算しましょう。

[例2] 次の計算をしましょう。

$$(40a-28)\div 4=(40a-28)\times\frac{1}{4}=$$ サ□ 文字式 × シ□ 数 ＋（ス□ 数）× セ□ 数 ＝ ソ□ 文字式

割り算をかけ算に直す　　　分配法則を使う

2 多項式と数のかけ算の応用

[例] 次の計算をしましょう。

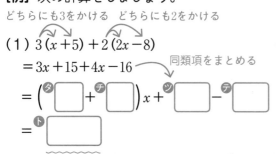

どちらにも3をかける　どちらにも2をかける

（1）$3(x+5)+2(2x-8)$

$=3x+15+4x-16$ ←同類項をまとめる

$=($ タ□ ＋ チ□ $)x+$ ツ□ － テ□

$=$ ト□

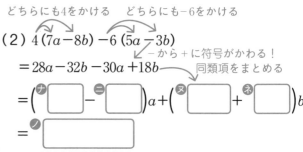

どちらにも4をかける　どちらにも－6をかける

（2）$4(7a-8b)-6(5a-3b)$

$=28a-32b-30a+18b$ ←－から＋に符号がかわる！同類項をまとめる

$=($ ナ□ － ニ□ $)a+($ ヌ□ ＋ ネ□ $)b$

$=$ ノ□

ココで差がつく！ポイント

$\dfrac{5x+1}{6}-\dfrac{3x-7}{4}$ のような計算は、
符号のミスに注意！

「$\dfrac{5x+1}{6}-\dfrac{3x-7}{4}$」のように通分が必要な問題で
はミスしやすいので注意しましょう。右上の計算
のように解くのが正しい方法です。

間違いの例として多いのは、［第2式］を省いて、
［第1式］から［第3式］を直接みちびこうとして、
右下のように計算してしまうケースです。

慣れるまでは［第2式］を省かず、途中式をひと
つずつ計算するようにしましょう。

［正しい計算法］

［第1式］　$\dfrac{5x+1}{6}-\dfrac{3x-7}{4}$　通分する

［第2式］ $=\dfrac{2(5x+1)-3(3x-7)}{12}$　符号がかわる

［第3式］ $=\dfrac{10x+2-9x+21}{12}$　分配法則を使う

$=\dfrac{x+23}{12}$

［間違いの例］

$\dfrac{5x+1}{6}-\dfrac{3x-7}{4}=\dfrac{10x+2-9x-21}{12}$
実際は＋なので間違い

▶▶▶ 解いてみる

答えは別冊5ページ

次の計算をしましょう。

（1）$-8(-9x+11y)$

（2）$(10a^2-25a+15)\times\left(-\dfrac{3}{5}\right)$

（3）$(-16x-12)\div\dfrac{4}{3}$

▶▶▶ チャレンジしてみる

答えは別冊5ページ

次の計算をしましょう。

（1）$6(-2a-9b)+4(3a+5b)-3(-3a-2b)$

（2）$\dfrac{3x-5y}{8}-\dfrac{7x-y}{6}$

PART 2 文字式

6 代入とは

ここが大切！ 「文字に数を代入→計算して式の値を求める」という流れをおさえよう！

▶▶▶ 試してみる

□にあてはまる数を入れましょう。

式の中の文字を数におきかえることを代入するといいます。代入して計算した結果を式の値といいます。

［例1］ $a=2$のとき、次の式の値を求めましょう。

（1） $2a-7$　　　　　　　（2） $-1+a^2$　　　　　　　（3） $-\dfrac{16}{a}$

解きかた

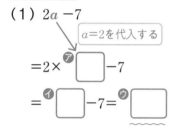

（1） $2a-7$　　$a=2$を代入する

$=2\times \boxed{}^{ア}-7$

$=\boxed{}^{イ}-7=\boxed{}^{ウ}$

（2） $-1+a^2$　　$a=2$を代入する

$=-1+\boxed{}^{エ}{}^{2}$

$=-1+\boxed{}^{オ}=\boxed{}^{カ}$

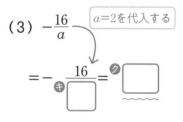

（3） $-\dfrac{16}{a}$　　$a=2$を代入する

$=-\dfrac{16}{\boxed{}^{キ}}=\boxed{}^{ク}$

［例2］ $x=6$、$y=-4$のとき、次の式の値を求めましょう。

（1） $3x+2y$　　　　　　（2） $-2xy^2$　　　　　　（3） $-2(x-3y)+3(2x+y)$

解きかた

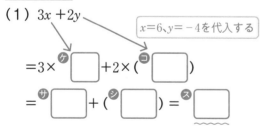

（1） $3x+2y$　　$x=6$、$y=-4$を代入する

$=3\times \boxed{}^{ケ}+2\times(\boxed{}^{コ})$

$=\boxed{}^{サ}+(\boxed{}^{シ})=\boxed{}^{ス}$

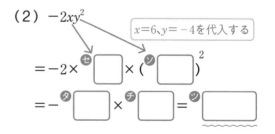

（2） $-2xy^2$　　$x=6$、$y=-4$を代入する

$=-2\times \boxed{}^{セ}\times(\boxed{}^{ソ})^{2}$

$=-\boxed{}^{タ}\times \boxed{}^{チ}=\boxed{}^{ツ}$

（3） 式をかんたんにしてから代入します。

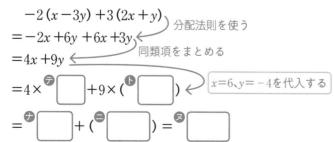

$-2(x-3y)+3(2x+y)$　　分配法則を使う

$=-2x+6y+6x+3y$　　同類項をまとめる

$=4x+9y$

$=4\times \boxed{}^{テ}+9\times(\boxed{}^{ト})$　　$x=6$、$y=-4$を代入する

$=\boxed{}^{ナ}+(\boxed{}^{ニ})=\boxed{}^{ヌ}$

「多項式÷単項式」も計算できるようになろう！

「$(x^2+5xy) \div \frac{1}{3}x$」のような、「多項式÷単項式」は、中3の範囲ですが、今まで習ってきたことを組み合わせれば、右のように計算することができます。

▶▶▶ チャレンジしてみるの（2）は、「多項式÷単項式」を計算した後に、文字に数を代入して、式の値を求める問題です。挑戦してみましょう。

$$(x^2+5xy) \div \frac{1}{3}x \qquad \frac{1}{3}x = \frac{x}{3}$$
$$= (x^2+5xy) \div \frac{x}{3} \qquad \text{割り算をかけ算に直す}$$
$$= (x^2+5xy) \times \frac{3}{x} \qquad \text{分配法則を使う}$$
$$= x^2 \times \frac{3}{x} + 5xy \times \frac{3}{x} \qquad \text{かけ算に}$$
$$= \frac{x \times x \times 3}{x_1} + \frac{5 \times x \times y \times 3}{x_1} \qquad \text{分解して約分}$$
$$= 3x + 15y$$

▶▶▶ 解いてみる

答えは別冊5ページ

$x = -4$ のとき、次の式の値を求めましょう。

（1）$-5-3x$　　　（2）$45+x^3$　　　（3）$-\dfrac{40}{x^2}$

▶▶▶ チャレンジしてみる

答えは別冊5ページ

$a = -2$、$b = -5$ のとき、次の式の値を求めましょう。

（1）$3(6a-5b)-4(2a-3b)$

（2）$(9a^3b-6a^2b) \div \dfrac{3}{2}a^2$

7 乗法公式 ①
じょうほう

乗法公式をひとつずつおさえて、スムーズに使えることが大事！

▶ ▶ ▶ 試してみる

□にあてはまる文字式や数を入れましょう。
同じ記号には、同じ文字式や数が入ります。

1 多項式×多項式

多項式 $(a+b)$ と多項式 $(c+d)$ をかけるとき、
×を省いて、$(a+b)(c+d)$ のように表します。
$(a+b)(c+d)$ は、右の順で計算しましょう。

$$(a+b)(c+d) = ac + ad + bc + bd$$

このように、**単項式や多項式のかけ算の式を、かっこを外して単項式のたし算の形に表すこ
とを、はじめの式を展開する**といいます。
てんかい

【例】次の式を展開しましょう。

（1）$(x-8)(y+2)$

（2）$(3a-7)(2a-3)$

解きかた

（1）$(x-8)(y+2) =$ ⑦ □ + ④ □ − ⑨ □ − ㋔ □

（2）$(3a-7)(2a-3) =$ ㋘ □ − ㋕ □ − ㋖ □ + ㋗ □

同類項をまとめる

$=$ ㋘ □ − ㋚ □ + ㋗ □

2 乗法公式　その1

式を展開するときの代表的な公式を、乗法公式と
じょうほうこうしき
いいます。この本では、4つの公式を紹介しますが、
その1つが右の公式です。具体的な計算の例につ
いては、**ココで差がつく！ポイント** を見てください。

$$(x+a)(x+b) = x^2 + (a+b)x + ab$$

aとbの 和　　aとbの 積

ココで差がつく！ポイント

$(a+5)(a+4)$ は、どう展開すればいい？

乗法公式「$(x+a)(x+b) = x^2 + (a+b)x + ab$」を実際に使って展開してみましょう。「和→積」の順を守ることがポイントです。

【例】

① $(a+5)(a+4) = a^2 + \underset{\text{5と4の和}}{(5+4)} a + \underset{\text{5と4の積}}{5 \times 4}$

$\qquad\qquad\quad = a^2 + 9a + 20$

② $(x+9)(x-6) = x^2 + \underset{\text{9と-6の和}}{\{9+(-6)\}} x + \underset{\text{9と-6の積}}{9 \times (-6)}$

$\qquad\qquad\quad = x^2 + 3x - 54$

PART **2**

文字式

▶▶▶ 解いてみる

答えは別冊6ページ

次の式を展開しましょう。

（1）$(2a - 9b)(4c + d)$

（2）$(x - 2)(x - 15)$

▶▶▶ チャレンジしてみる

答えは別冊6ページ

次の式を展開しましょう。

（1）$(8x + y)(5x - 11y)$

（2）$(a + 6b)(a + 3b)$

▶▶▶ **試してみる** の答え　㋐ xy　㋑ $2x$　㋒ $8y$　㋓ 16　㋔ $6a^2$　㋕ $9a$　㋖ $14a$　㋗ 21　㋘ $23a$　37

8 乗法公式 ②

ここが大切！ $(x+a)^2$と$(x-a)^2$を展開する公式では、「2倍→2乗」の順に解こう！

▶▶▶ 試してみる

□にあてはまる文字式や数を入れましょう。

3 乗法公式　その2、その3

4つの乗法公式のうち、1つは36ページで紹介しました。
ここでは、右の2つの乗法公式を学びましょう。

$$(x+a)^2 = x^2 + \underset{a の 2 倍}{2ax} + \underset{a の 2 乗}{a^2}$$

$$(x-a)^2 = x^2 - \underset{a の 2 倍}{2ax} + \underset{a の 2 乗}{a^2}$$

【例】次の式を展開しましょう。

(1) $(x+6)^2$

(2) $(a-9)^2$

解きかた

(1) $(x+6)^2 = \overset{ア}{\boxed{}}^2 + 2 \times \underset{6 の 2 倍}{\overset{イ}{\boxed{}}} \times x + \underset{6 の 2 乗}{\overset{ウ}{\boxed{}}^2} = \overset{エ}{\boxed{}}$

(2) $(a-9)^2 = \overset{オ}{\boxed{}}^2 - 2 \times \underset{9 の 2 倍}{\overset{カ}{\boxed{}}} \times a + \underset{9 の 2 乗}{\overset{キ}{\boxed{}}^2} = \overset{ク}{\boxed{}}$

4 乗法公式　その4

では、最後の乗法公式を学びましょう。

$$(x+a)(x-a) = \underset{x の 2 乗}{x^2} - \underset{a の 2 乗}{a^2}$$

【例】次の式を展開しましょう。

(1) $(x+10)(x-10)$

(2) $(3y-2)(3y+2)$

解きかた

(1) $(x+10)(x-10) = \underset{x の 2 乗}{\overset{ケ}{\boxed{}}^2} - \underset{10 の 2 乗}{\overset{コ}{\boxed{}}^2} = \overset{サ}{\boxed{}}$

(2) $(3y-2)(3y+2) = (\underset{3y の 2 乗}{\overset{シ}{\boxed{}}})^2 - \underset{2 の 2 乗}{\overset{ス}{\boxed{}}^2} = \overset{セ}{\boxed{}}$

ココで差がつく！ポイント

$(3a+4b)^2$ のような式はどう展開する？

$(3a+4b)^2$ のような式も、「$(x+a)^2=x^2+2ax+a^2$」の公式を使えば、展開できます。$(x+a)^2$ の x を $3a$ に、a を $4b$ にそれぞれおきかえた式が $(3a+4b)^2$

なので、それをもとに考えると、次のように式を展開することができるのです。

▶▶▶ **チャレンジしてみる**の（1）が類題なので、練習してみましょう。

$$(x+a)^2 = x^2+2\times a\times x+a^2 = x^2+2ax+a^2$$

$$(3a+4b)^2 = (3a)^2+2\times 4b\times 3a+(4b)^2 = 9a^2+24ab+16b^2$$

$\underbrace{}_{4b の2倍}\quad\underbrace{}_{4b の2乗}$

▶▶▶ 解いてみる

答えは別冊6ページ

次の式を展開しましょう。

（1）$(a+7)^2$

（2）$\left(x-\dfrac{1}{4}\right)^2$

（3）$(y-9)(y+9)$

▶▶▶ チャレンジしてみる

答えは別冊6ページ

次の式を展開しましょう。

（1）$(5x-2y)^2$

（2）$\left(\dfrac{1}{2}+2x\right)\left(2x-\dfrac{1}{2}\right)$

▶▶▶ **試してみる** の答え　㋐ x　㋑ 6　㋒ 6　㋓ $x^2+12x+36$　㋔ a　㋕ 9　㋖ 9　㋗ $a^2-18a+81$　㋘ x　㋙ 10　㋚ x^2-100　㋛ $3y$　㋜ 2　㋝ $9y^2-4$

文字式
まとめテスト

答えは別冊6ページ

※何度も復習したい方は、直接書き込まずノートを使うとよいでしょう。

1 次の式を、文字式の表しかたにしたがって表しましょう。

[各5点、計15点]

(1) $1 \times y \times x \times z$

(2) $a \times b \times a \times (-0.1)$

(3) $5y \div (-8)$

2 次の計算をしましょう。

[各5点、計40点]

(1) $-6x + 5 + 7x^2 + 9x - 10x^2 + 1$

(2) $(-x + y) - (2x + 11y)$

(3) $-\dfrac{11}{5} \times 10a$

(4) $3x \times (-2x)^2$

(5) $\dfrac{14}{3}xy \div \dfrac{28}{9}x$

(6) $-\dfrac{1}{4} \times (-8a^2 + 36a - 1)$

（7）$5(-2x-y)-3(3x+2y)$

（8）$\dfrac{5a-8}{12}-\dfrac{3a-5}{8}$

3 $x=-8$、$y=3$のとき、次の式の値を求めましょう。
[（1）7点、（2）8点、計15点]

（1）$-2(6x+y)+4(5x-2y)$

（2）$(-x^2y-3xy^2)\div\dfrac{1}{5}xy$

4 次の式を展開しましょう。
[各6点、計30点]

（1）$(-x+6)(4x-5)$

（2）$(a-8)(a-3)$

（3）$(x+15)^2$

（4）$(7x-3y)^2$

（5）$\left(\dfrac{1}{3}x-\dfrac{1}{5}\right)\left(\dfrac{1}{3}x+\dfrac{1}{5}\right)$

1 方程式とは

ここが
大切！

「方程式とは何か？」を説明できるようになろう！

▶▶▶ 試してみる

□にあてはまる数を入れましょう。

＝のことを等号といいます。

等号＝を使って、数や量の等しい関係を表した式を等式といいます。

等式で、等号＝の左側の式を左辺といいます。

等式で、等号＝の右側の式を右辺といいます。

左辺と右辺を合わせて、両辺といいます。

例えば、等式$3x+5=14$で、左辺、右辺、両辺は、
右のようになります。

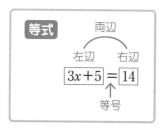

等式$3x+5=14$について、

xに1を代入すると、（左辺）$=3×$ ア□ $+5=$ イ□ となり、右辺の14と一致しません。

xに2を代入すると、（左辺）$=3×$ ウ□ $+5=$ エ□ となり、右辺の14と一致しません。

xに3を代入すると、（左辺）$=3×$ オ□ $+5=$ カ□ となり、右辺の14と一致し、成り立ちます。

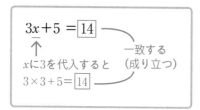

「$3x+5=14$」のように、**文字に代入する値によって、成り立ったり成り立たなかったりする
等式**を、方程式といいます。

また、**方程式を成り立たせる値**を、その方程式の解といいます。そして、**解を求める**ことを
「**方程式を解く**」といいます。

上の例にあげた方程式$3x+5=14$の解は、3です。

ココで差がつく！ポイント

等式の5つの性質をおさえよう！
等式には、次の5つの性質があります。

① A＝B ならば、A＋C＝B＋C は成り立つ
② A＝B ならば、A－C＝B－C は成り立つ
③ A＝B ならば、AC＝BC は成り立つ
④ A＝B ならば、$\dfrac{A}{C}=\dfrac{B}{C}$ は成り立つ
　（Cは0ではない）
⑤ A＝B ならば、B＝A

①～④は、A＝Bが成り立っているとき、両辺に同じ数をたしても、引いても、かけても、割っても等式は成り立つという性質です。また、⑤は、等式の左辺と右辺を入れかえても等式は成り立つという性質です。
これら5つの等式の性質をおさえることが、方程式を解くときに重要です。

▶▶▶ 解いてみる

答えは別冊7ページ

次の方程式を解くために、□にあてはまる数を答えましょう（それぞれの
□には、違う数が入ることもあります）。

（1）$x+9=6$

等式の両辺から同じ数を引いても、等式は成り立ちます。だから、両辺から $\boxed{}$ を引きます。

$x+9-\boxed{}=6-\boxed{}$

$x=\boxed{}$

（2）$3x=-18$

等式の両辺を同じ数で割っても、等式は成り立ちます。だから、両辺を $\boxed{}$ で割ります。

$\dfrac{3x}{\boxed{}}=\dfrac{-18}{\boxed{}}$

$x=\boxed{}$

▶▶▶ チャレンジしてみる

答えは別冊7ページ

次の方程式を解きましょう。

（1）$x-7=-2$

（2）$\dfrac{x}{5}=-4$

2 移項を使った方程式の解きかた

ここが大切！ **方程式を解くときにかかせない「移項の考えかた」をおさえよう！**

▶▶▶ 試してみる

□にあてはまる文字式や数、または、それらと符号（＋と－）を組み合わせたもの（例えば、＋7や－2xなど）を入れましょう。

43ページの▶▶▶解いてみる（1）の方程式「$x+9=6$」は、等式の性質を使って解きました。一方、等式の性質を使うより、移項の考えかたを使えば、よりかんたんに解くことができる場合があります。

等式の項は、その符号（＋と－）をかえて、左辺から右辺に、または右辺から左辺に移すことができます。これを移項といいます。

方程式「$x+9=6$」を、移項の考えかたを使って解いてみましょう。

右の図のように、左辺の＋9を、符号をかえて右辺に移項して解きます。

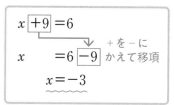

移項の考えかたを使って方程式を解くときには、文字をふくむ項を左辺に、数の項を右辺に、それぞれ移項するとスムーズに解けることが多いです。

【例】 次の方程式を解きましょう。

（1）$5x-7=-17$

（2）$-6x+24=-3x$

解きかた

（1）左辺の－7を、符号をかえて右辺に移項しましょう。

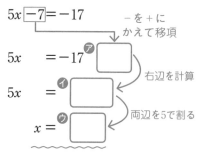

（2）左辺の＋24を、符号をかえて右辺に移項しましょう。

右辺の－3xを、符号をかえて左辺に移項しましょう。

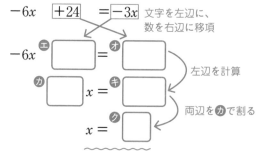

ココで差がつく！ポイント

「$-2x-9=-4x+11$」のような方程式はどう解く？

「$-2x-9=-4x+11$」のような「多項式＝多項式」の形の方程式を解く問題もよく出題されます。このような方程式も、文字をふくむ項（$-4x$）を左辺に、数の項（-9）を右辺に、それぞれ移項すれば、スムーズに解けます。移項するときに、符号をかえるのを忘れないようにしましょう。

$$-2x \boxed{-9} = \boxed{-4x} + 11$$

文字を左辺に、数を右辺に移項

$$-2x \boxed{+4x} = +11 \boxed{+9}$$

両辺を計算

$$2x = 20$$

両辺を2で割る

$$x = 10$$

▶▶▶ 解いてみる

次の方程式を解きましょう。

答えは別冊7ページ

（1）$8 - 3(6x + 1) = 23$

（2）$0.31x - 0.7 = 0.46x + 0.05$

💡**ヒント**

かっこをふくむ方程式は、分配法則を使って、かっこを外してから解きましょう。

💡**ヒント**

両辺に100をかけて、小数を整数にしてから解きましょう。

▶▶▶ チャレンジしてみる

次の方程式を解きましょう。

答えは別冊7ページ

$$\frac{7}{6}x - \frac{1}{2} = \frac{3}{4}x + 1$$

💡**ヒント**

両辺に分母（6、2、4）の最小公倍数12をかけて、分数を整数にしてから解きましょう。このように変形することを「分母をはらう」といいます。

3 1次方程式の文章題（代金の問題）

ここが
大切！ 　1次方程式の文章題は「**求めたいものをxとする→方程式をつくる**
→方程式を解く」という流れで求めよう！

▶▶▶ 試してみる

□にあてはまる数を入れましょう。
同じ記号には、同じ数が入ります。

ここまで出てきた方程式は、移項して整理すると「（1次式）＝0」の形に変形できます。
このような方程式を、**1次方程式**といいます。
この項目では、1次方程式の文章題について解説していきます。
1次方程式の文章題は、次の**3ステップ**で解きましょう。

ステップ1	ステップ2	ステップ3
求めたいものをxとする	方程式をつくる	方程式を解く

【例】 にんじんを3本と、55円のじゃがいもを8個買ったところ、代金の合計は620円になりました。にんじん1本の値段は何円ですか。

解きかた 　3つのステップによって、次のように解くことができます。

ステップ1 　求めたいものをxとする
にんじん1本の値段をx円とします。

ステップ2 　方程式をつくる
（x円のにんじん3本の代金）＋（55円のじゃがいも8個の代金）＝（代金の合計）という関係を式に表せば、右のように方程式をつくれます。

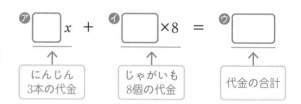

ステップ3 　方程式を解く

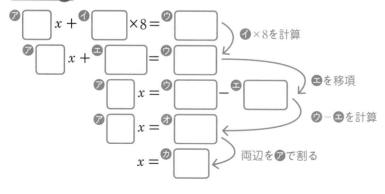

答え ⑰□円

ココで差がつく！ポイント

何をxとするか迷ったときの対処法

次の▶▶ 解いてみるの問題は、「ドーナツとパンをそれぞれ何個買いましたか」という問題です。このような問題では、ドーナツとパンのどちらの個数をx個とするか迷うかもしれません。結論から言うと、どちらの個数をx個としても解けるのです。

▶▶ 解いてみるの問題ではドーナツをx個として、

▶▶▶ チャレンジしてみるの問題ではパンをx個として、それぞれ解いてみましょう。

▶▶▶ 解いてみる

答えは別冊7ページ

1個120円のドーナツと1個150円のパンを合わせて14個買ったところ、代金の合計は1950円になりました。ドーナツとパンをそれぞれ何個買いましたか。買ったドーナツの個数を x 個として解いてみましょう。

答え

▶▶▶ チャレンジしてみる

答えは別冊7ページ

上の▶▶ 解いてみるの問題で、パンの個数を x 個として解いてみましょう。

答え

1次方程式
じほうていしき
まとめテスト

答えは別冊8ページ

※何度も復習したい方は、直接書き込まずノートを使うとよいでしょう。

1 次の方程式を解きましょう。

[各10点、計50点]

（1） $3x - 2 = 16$

（2） $2x = 6x - 28$

（3） $-x - 81 = 8x$

（4） $-15x + 1 = 2x + 52$

（5） $5(-2x + 4) - 9 = -39$

2 次の方程式を解きましょう。

[各10点、計30点]

（1） $-0.6x + 0.74 = -0.48x + 0.02$

(2) $\dfrac{3}{8}x - \dfrac{11}{4} = \dfrac{5}{6}x$

(3) $\dfrac{x+2}{6} = \dfrac{5x-6}{9}$

3 1本50円のきゅうりと1個210円のレタスを合わせて19個買ったところ、代金の合計は2710円になりました。このとき、きゅうりを何本買いましたか。

[20点]

答え _____

1 座標とは

ここが大切！ **平面上での点の位置の表しかた**をおさえよう！

▶▶▶ 試してみる

□にあてはまる数を入れましょう。

平面上での点の位置の表しかたについて、見ていきましょう。

図1のように、平面上に直角に交わる横とたての数直線を考えます。

図1で、**横の数直線をx軸といい、たての数直線をy軸といいます。**

また、**x軸とy軸の交点を原点といい、アルファベットのOで表します**（数字の0ではないので注意しましょう）。

図2で、点Pの位置を表しましょう。

まず、図2のように、Pからx軸とy軸に垂直に直線（青い線）を引きます。

Pのx軸上のめもりは2です。この2を、Pの**x座標**といいます。

Pのy軸上のめもりは3です。この3を、Pの**y座標**といいます。

Pのx座標2とy座標3を合わせて（2, 3）と書き、これをPの**座標**といいます。

そして、点PをP（2, 3）と書くこともあります。

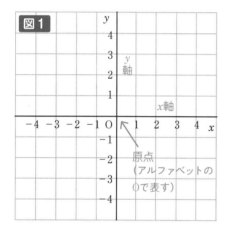

点Pの座標 → P（ 2 , 3 ）
　　　　　　　　　　↑　　↑
　　　　　　　　x座標　y座標

同じように考えると、点Qのx座標は ア□、y座標は イ□ なので、Q（ ウ□ , エ□ ）です。

また、原点Oは、x座標、y座標ともに0なので、O（ オ□ , カ□ ）と表せます。

このように、**x軸とy軸を定めて、点の位置を座標で表せる平面を、座標平面といいます。**

ココで差がつく！ポイント

「yOx（ワイオーエックス）はセット」が合言葉！

自分で座標平面をかくとき、まず、たて線と横線をかきますね。そして、たて線の上のほうにy（y軸を表す）を、原点に O を、横線の右のほうにx（x軸を表す）を書きます。テストなどで、グラフを自分でかくとき、このy、O、xを書き忘れると減点されることがあります。「yOxはセット」を合言葉にして必ず書くようにしましょう。

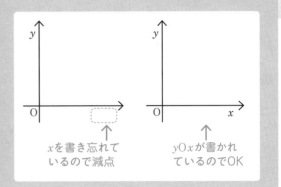

xを書き忘れているので減点

yOxが書かれているのでOK

▶▶▶ 解いてみる

答えは別冊7ページ

図に、次の点をかきこみましょう。

A $(1, 3)$、B $(−3, −4)$、C $(2, −1)$、D $(4, 0)$、E $(0, −2)$

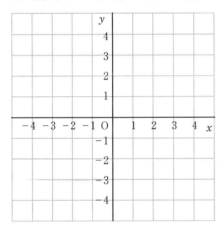

▶▶▶ チャレンジしてみる

答えは別冊7ページ

図の点 F、G、H、I、J の座標を答えましょう。

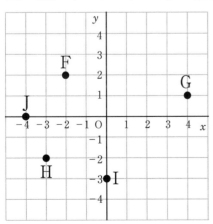

2 比例とグラフ

比例のグラフをかけるようになろう！

▶▶▶ 試してみる

□にあてはまる数や言葉を入れましょう。

x と y が次の式で表されるとき「y は x に比例する」といいます。

$$比例を表す式　\rightarrow　y = ax$$

このとき、 $y = ax$ の a を、**比例定数**といいます。例えば、 $y = 3x$ の比例定数は、**3**です。

[例] x と y について、 $y = 2x$ という関係が成り立っています。

・このとき、 $y = ax$ （a は2）という式で表されているので、y は x に ⁽ア⁾ □ している
といえます。また、 $y = 2x$ の比例定数は、 ⁽イ⁾ □ です。

・$y = 2x$ の x に例えば、**3**を代入すると、$y = 2 \times 3 = 6$ となります。また、x に例えば、**−1**を
代入すると、$y = 2 \times (-1) = -2$ となります。

同じように考えて、$y = 2x$ について、次の表をうめましょう。

x	…	−3	−2	−1	0	1	2	3	…
y	…	⁽ウ⁾ □	⁽エ⁾ □	−2	⁽オ⁾ □	⁽カ⁾ □	⁽キ⁾ □	6	…

表を見て、x の値が2倍、3倍、…になると、y の値はどうなっているでしょうか。自分で
考えてみた後、次のページの ココで差がつく！ポイント を読んでみましょう。

**比例で、xの値が２倍、３倍、…になると、
yの値はどうなる？**

$y=2x$の表で、次のように、xの値が２倍になる
とyの値も２倍になり、xの値が３倍になるとy
の値も３倍になっていることがわかります。

xとyが、$y=ax$という比例の関係で表されると
き、xの値が２倍、３倍、…になると、yの値も２倍、
３倍、…になるという性質があります。大事な性
質なのでおさえましょう。

x	…	-3	-2	-1	0	1	2	3	…
y	…	-6	-4	-2	0	2	4	6	…

▶▶▶ 解いてみる

答えは別冊8ページ

$y=2x$の表で、それぞれを座標に対応させると、次のようになります。

x	…	-3	-2	-1	0	1	2	3	…
y	…	-6	-4	-2	0	2	4	6	…

座標 $(-3, -6)$ $(-2, -4)$ $(-1, -2)$ $(0, 0)$ $(1, 2)$ $(2, 4)$ $(3, 6)$

右の座標平面上にこれらの座標の点をとり、それを直
線で結んでください。それによって、$y=2x$のグラフ
をかくことができます。

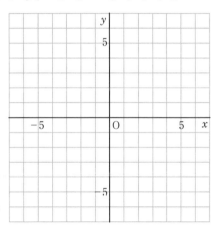

💡 ヒント　比例のグラフは、原点を通る直線になります。

▶▶▶ チャレンジしてみる

答えは別冊8ページ

xとyについて、$y=-2x$という関係が成り立っているとき、次の問いに
答えましょう。

（1）$y=-2x$について、次の表を完成させましょう。

x	…	-3	-2	-1	0	1	2	3	…
y	…								…

（2）（1）の表をもとに、$y=-2x$のグラフをかきましょう。

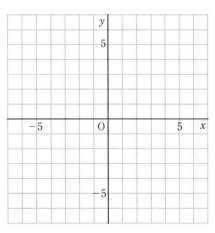

💡 ヒント　比例のグラフは、$y=ax$のaが正の数のとき
右上がり（右にいくにつれて上がる）になり、
aが負の数のとき右下がり（右にいくにつれ
て下がる）になります。

3 反比例とグラフ

ここが大切！ **反比例のグラフ**をかけるようになろう！

▶▶▶ 試してみる

□にあてはまる数や言葉を入れましょう。

x と y が次の式で表されるとき「y は x に**反比例する**」といいます。

$$\text{反比例を表す式} \rightarrow y = \frac{a}{x}$$

このとき、$y = \frac{a}{x}$ の a を、**比例定数**といいます。例えば、$y = \frac{5}{x}$ の比例定数は、**5**です。

【例】 x と y について、$y = \frac{18}{x}$ という関係が成り立っています。

・このとき、$y = \frac{a}{x}$（a は18）という式で表されているので、y は x に ^ア□ している といえます。また、$y = \frac{18}{x}$ の比例定数は、^イ□ です。

・$y = \frac{18}{x}$ の x に例えば3を代入すると、$y = \frac{18}{3} = 6$ となります。また、x に例えば−2を代入すると、$y = \frac{18}{-2} = -\frac{18}{2} = -9$ となります。

同じように考えて、$y = \frac{18}{x}$ について、次の表をうめましょう。

x	…	−18	−9	−6	−3	−2	−1	0	1	2	3	6	9	18	…
y	…	^ウ□	^エ□	^オ□	^カ□	−9	^キ□	×	^ク□	^ケ□	6	^コ□	^サ□	^シ□	…

※ $x = 0$ のときの y が×になっているのは、18 を 0 で割ることができないからです。

表を見て、x の値が2倍、3倍、…になると、y の値はどうなっているでしょうか。自分で考えてみた後、次のページの ココで差がつく！ポイント を読んでみましょう。

反比例で、xの値が2倍、3倍、…になると、yの値はどうなる？

$y = \dfrac{18}{x}$の表で、次のように、xの値が2倍になるとyの値は$\dfrac{1}{2}$倍になり、xの値が3倍になるとyの値は$\dfrac{1}{3}$倍になっていることがわかります。

xとyが、$y = \dfrac{a}{x}$という反比例の関係で表されるとき、xの値が2倍、3倍、…になると、yの値は$\dfrac{1}{2}$倍、$\dfrac{1}{3}$倍、…になるという性質があります。

ココで差がつく！ポイント（53ページ）の比例の性質と合わせておさえましょう。

x	…	-18	-9	-6	-3	-2	-1	0	1	2	3	6	9	18	…
y	…	-1	-2	-3	-6	-9	-18	×	18	9	6	3	2	1	…

▶▶▶ 解いてみる

答えは別冊8ページ

$y = \dfrac{18}{x}$のグラフをかきましょう。

$y = \dfrac{18}{x}$の表を見ながら、右の座標平面上にこれらの座標（x座標とy座標がともに-10以上10以下）の点をとり、それを直線ではなく、なめらかな曲線で結ぶと、$y = \dfrac{18}{x}$のグラフをかくことができます。

ヒント 反比例のグラフは、なめらかな2つの曲線になり、これを双曲線といいます。

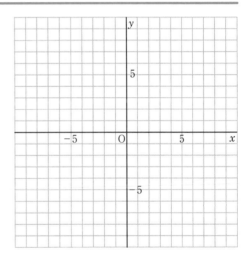

▶▶▶ チャレンジしてみる

答えは別冊8ページ

$y = -\dfrac{18}{x}$のグラフをかきましょう。

表がなくてもかけるよう挑戦してください（表が必要な場合は、紙などにかいてからグラフをかきましょう）。

ヒント

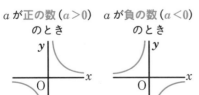

比例のグラフでは、比例定数が正のときに右上がりのグラフになり、負のときに右下がりのグラフになりました。
一方、反比例のグラフも、比例定数が正か負かによって、右上の図のようにかわるので注意しましょう。

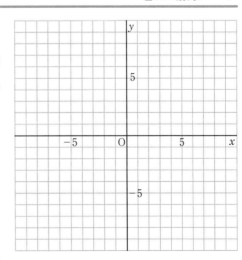

比例と反比例
まとめテスト

答えは別冊9ページ

※何度も復習したい方は、直接書き込まずノートを使うとよいでしょう。

1 次の問いに答えましょう。

[（1）はどちらも正解で6点、（2）（3）は各5点、計36点]

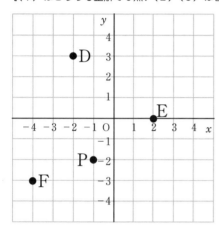

（1）点Pのx座標とy座標をそれぞれ答えましょう。

答え　x座標…　　　　　y座標…

（2）左の図に、次の点をかきこみましょう。
　　　A $(3, 2)$、B $(1, -3)$、C $(-2, 0)$

（3）左の図の点D、E、Fの座標を答えましょう。

2 xとyについて、$y = -\dfrac{1}{2}x$という関係が成り立っているとき、次の問いに答えましょう。

[（1）5点、（2）はすべて正解で9点、（3）9点、（4）9点、計32点]

（1）$y = -\dfrac{1}{2}x$の比例定数を答えましょう。

答え

（2）$y = -\dfrac{1}{2}x$について、次の表を完成させましょう（yの値が整数以外になるときは分数で答えてください）。

x	…	-4	-3	-2	-1	0	1	2	3	4	…
y	…										…

（3）$y = -\dfrac{1}{2}x$で、xの値が2倍、3倍、…になると、yはどうなりますか。

答え

（4）$y = -\dfrac{1}{2}x$ のグラフをかきましょう。

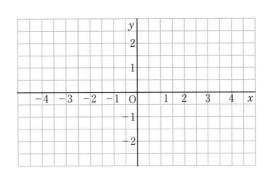

3 x と y について、$y = -\dfrac{10}{x}$ という関係が成り立っているとき、次の問いに答えましょう。

[（1）5点、（2）はすべて正解で9点、（3）9点、（4）9点、計32点]

（1）$y = -\dfrac{10}{x}$ の比例定数を答えましょう。

答え _____

（2）$y = -\dfrac{10}{x}$ について、次の表を完成させましょう。

x	$\cdots$	-10	-5	-2	-1	0	1	2	5	10	$\cdots$
y	$\cdots$					$\times$					$\cdots$

（3）$y = -\dfrac{10}{x}$ で、x の値が2倍、3倍、…になると、y はどうなりますか。

答え _____

（4）$y = -\dfrac{10}{x}$ のグラフをかきましょう。

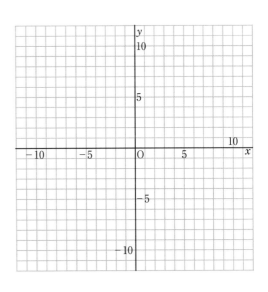

1 連立方程式の解きかた①

両辺をたしたり引いたりして、文字を消去して解こう！

▶▶▶ 試してみる

□にあてはまる数を入れましょう。
同じ記号には、同じ数が入ります。

1 加減法とは

右の式のように、**2つ以上の方程式を組み合わせたもの**を、
連立方程式といいます。

$$\begin{cases} 5x+6y=4 \\ 5x+3y=7 \end{cases}$$

連立方程式には、2つの解きかた（加減法と代入法）がありますが、ここではまず加減法について解説します。

加減法とは、**両辺をたしたり引いたりして、文字を消去して解く方法**です。

【例】 次の連立方程式を解きましょう。

$$\begin{cases} 5x+6y=4 \cdots\cdots ❶ \\ 5x+3y=7 \cdots\cdots ❷ \end{cases}$$

❶の$5x$ から、❷の$5x$ を引くと0になることを利用して解きます。
$[5x-5x=0]$
❶の両辺から❷の両辺を引くと

$$\begin{array}{r} 5x + 6y = \quad 4 \cdots\cdots ❶ \\ -)\ 5x + 3y = \quad 7 \cdots\cdots ❷ \\ \hline \end{array}$$

❶から❷を引く → ⑦□ $y=$ ④□

$y=$ ⑦□   両辺を⑦で割る

$y=$ ⑦□ を❷の式（$5x+3y=7$）に代入すると

$5x+3\times\left(\text{⑦}\boxed{}\right)=7$ 3×⑦を計算

$5x-\text{エ}\boxed{}=7$ −エを右辺に移項

$5x=7+\text{エ}\boxed{}$ 7+エを計算

$5x=\text{オ}\boxed{}$ 両辺を5で割る

$x=\text{カ}\boxed{}$

答え $x=$ カ□ 、$y=$ ⑦□

かんたんなほうの式に代入して求めよう！
左ページの【例】では、x と y のうち、先に y が -1 と求められました。この $y=-1$ を、① $5x+6y=4$ と、② $5x+3y=7$ のどちらに代入しても、x の値を求めることができます。この連立方程式

の場合、あまり差はありません（明らかに差がある場合もあります）が、少しでもかんたんそうなほうに代入して求めることで、計算の正確さとスピードを上げていくことができます。代入するときに気をつけましょう。

▶▶▶ 解いてみる

答えは別冊9ページ

次の連立方程式を解きましょう。

$$\begin{cases} 3x+4y=1 & \cdots\cdots ❶ \\ 9x-5y=37 & \cdots\cdots ❷ \end{cases}$$

💡ヒント

❶の式の両辺を 3 倍すれば、x の係数を 9 にそろえることができます。

答え

▶▶▶ チャレンジしてみる

答えは別冊9ページ

次の連立方程式を解きましょう。

$$\begin{cases} -7x-3y=-13 & \cdots\cdots ❶ \\ 3x+4y=-8 & \cdots\cdots ❷ \end{cases}$$

💡ヒント

❶の式の両辺を 4 倍して、❷の式の両辺を 3 倍すれば、y の係数を -12 と $+12$ にすることができます。

答え

2 連立方程式の解きかた 2

> ここが大切！ かっこをふくんだり、小数や分数をふくんだりするさまざまな連立方程式を解けるようになろう！

▶▶▶ 試してみる

□にあてはまる数を入れましょう。
同じ記号には、同じ数が入ります。

2 代入法とは

代入法とは、一方の式を、もう一方の式に代入することによって、文字を消去して解く方法です。

【例】次の連立方程式を解きましょう。

$$\begin{cases} y = 2x - 5 & \cdots\cdots ❶ \\ 3x + 2y = 11 & \cdots\cdots ❷ \end{cases}$$

❶の式を❷の式に代入して、y を消去して解きましょう。

❶を❷に代入すると

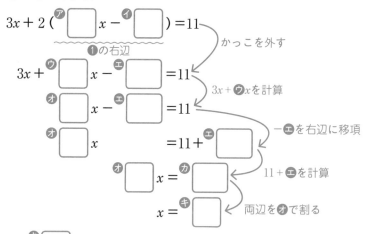

$x = \boxed{\text{キ}}\ $を❶の式に代入すると

$y = 2 \times \boxed{\text{キ}} - 5 = \boxed{\text{ク}} - 5 = \boxed{\text{ケ}}$

答え $x = \boxed{\text{キ}}$ 、$y = \boxed{\text{ケ}}$

3 さまざまな連立方程式

加減法と代入法によって、連立方程式を解く方法について見てきました。これらの方法に加えて、 ココで差がつく！ポイント で解説する内容をおさえてから、▶▶▶ 解いてみる、▶▶▶ チャレンジしてみるの連立方程式を解いてみましょう。

ココで差がつく！ポイント

さまざまな連立方程式も
コツがわかれば解ける！

（1）かっこのある式

→かっこを外して、式を整理してから解きましょう。

【例】 $x-2(y-5)=8$ ）かっこを外す
$\quad\quad x-2y+10=8$
$\quad\quad\quad x-2y=-2$ ）整理する

（2）小数をふくむ式

→両辺を10倍、100倍、…して係数を整数にし
てから解くようにしましょう。

【例】 $0.07x-0.2y=0.15$
$\quad\quad$ ↓100倍 ↓100倍 ↓100倍
$\quad\quad 7x-20y=15$

（3）分数をふくむ式

→分母の最小公倍数を、両辺にかけてから解くよ
うにしましょう。

【例】 $\quad\dfrac{1}{6}x\quad+\dfrac{3}{4}y\quad=\dfrac{5}{2}$
$\quad\dfrac{1}{6}\times12=2\quad\dfrac{3}{4}\times12=9\quad\dfrac{5}{2}\times12=30$
$\quad\quad\quad 2x\quad\quad+9y\quad=30$

▶▶▶ 解いてみる

答えは別冊9ページ

次の連立方程式を解きましょう。

$$\begin{cases} -2x+y=21 \\ x=-2(y-1)-5 \end{cases}$$

答え _____

▶▶▶ チャレンジしてみる

答えは別冊9ページ

次の連立方程式を解きましょう。

$$\begin{cases} \dfrac{3}{8}x-\dfrac{1}{12}y=\dfrac{5}{6} \\ -0.5x+0.1y=-1.2 \end{cases}$$

答え _____

3 連立方程式の文章題

ここが大切！　連立方程式の文章題は「求めたいものをxとyとする
→連立方程式をつくる→連立方程式を解く」の順で求めよう！

▶▶▶ 試してみる

□にあてはまる数を入れましょう。
同じ記号には、同じ数が入ります。

連立方程式の文章題は、右の3ステップで解きましょう。

ステップ **1**	求めたいものを x と y とする
ステップ **2**	連立方程式（2つの方程式）をつくる
ステップ **3**	連立方程式を解く

【例】1個90円のりんごと、1個110円の柿を合わせて16個買ったところ、代金の合計は1580円になりました。りんごと柿をそれぞれ何個買いましたか。

解きかた　3つのステップによって、次のように解くことができます。

ステップ **1**　求めたいものを x と y とする
りんごを x 個、柿を y 個買ったとします。

ステップ **2**　連立方程式（2つの方程式）をつくる
りんご（x 個）と柿（y 個）を合わせて16個買ったのだから、$x + y = 16$……❶
1個90円のりんご x 個の代金は、$90 \times x = \mathbf{90x}$（円）
1個110円の柿 y 個の代金は、$110 \times y = \mathbf{110y}$（円）
これらを合わせると1580円になるので、$90x + 110y = 1580$……❷

これにより、次の連立方程式をつくれます。

$$\begin{cases} x + y = 16 & \cdots\cdots ❶ \\ 90x + 110y = 1580 & \cdots\cdots ❷ \end{cases}$$

ステップ **3**　連立方程式を解く

$$\underset{\downarrow \div 10}{90x} + \underset{\downarrow \div 10}{110y} = \underset{\downarrow \div 10}{1580} \cdots\cdots ❷$$

$\overset{ア}{\boxed{}} x + \overset{イ}{\boxed{}} y = \overset{ウ}{\boxed{}}$……❸

❶を$\overset{ア}{\boxed{}}$倍すると

$\overset{エ}{\boxed{}} x + \overset{オ}{\boxed{}} y = \overset{カ}{\boxed{}}$……❹

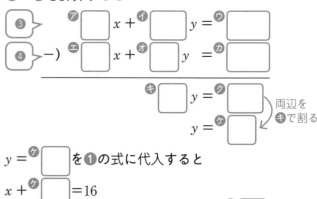

❸－❹を計算すると

❸　$\overset{ア}{\boxed{}} x + \overset{イ}{\boxed{}} y = \overset{ウ}{\boxed{}}$

❹ －）$\overset{エ}{\boxed{}} x + \overset{オ}{\boxed{}} y = \overset{カ}{\boxed{}}$

$\overset{キ}{\boxed{}} y = \overset{ク}{\boxed{}}$

両辺を
キで割る

$y = \overset{ケ}{\boxed{}}$

$y = \overset{ケ}{\boxed{}}$ を❶の式に代入すると

$x + \overset{ケ}{\boxed{}} = 16$

$x = 16 - \overset{ケ}{\boxed{}} = \overset{コ}{\boxed{}}$

りんご$\overset{コ}{\boxed{}}$個、
柿$\boxed{}$個

答え _____

答えは別冊10ページ

ココで差がつく！ポイント

左ページの連立方程式は、代入法でも解ける！

代入法での解きかた

❶の式（$x + y = 16$）を変形すると

$x = 16 - y$ ……❺

❺の式を、❸の式（$9x + 11y = 158$）に代入すると、

$$9(16 - y) + 11y = 158$$
$$144 - 9y + 11y = 158$$
$$-9y + 11y = 158 - 144$$

かっこを外す

下のように $y = 7$ が求められます。後は左ページと同様に解けます。そのときどきによって、加減法と代入法の解きやすいほうで計算しましょう。

$$2y = 14$$
$$y = 7$$

▶▶▶ 解いてみる

答えは別冊10ページ

A 地を出発して、1530m はなれた B 地に向かいます。はじめは分速90m で歩いて、途中から分速135m で走ると、全体で14分かかりました。歩いた道のりを xm、走った道のりを ym として、連立方程式をつくりましょう。

答え

▶▶▶ チャレンジしてみる

答えは別冊10ページ

▶▶▶ 解いてみるでつくった連立方程式を解いて、歩いた道のりと走った道のりが、それぞれ何 m か答えましょう。

答え

PART 5 連立方程式

連立方程式
まとめテスト

答えは別冊10ページ

※何度も復習したい方は、直接書き込まずノートを使うとよいでしょう。

1 次の連立方程式を解きましょう。

[各15点、計60点]

(1) $\begin{cases} 2x - y = -9 \\ 6x + y = -47 \end{cases}$

(2) $\begin{cases} 3x - 4y = 6 \\ -2y - 8 = x \end{cases}$

答え _____

答え _____

(3) $\begin{cases} 4x + 11y = 1 \\ 6x - 5y = 23 \end{cases}$

(4) $\begin{cases} 3y = -x - 9 \\ 5x - 3y = 27 \end{cases}$

答え _____

答え _____

2 次の連立方程式を解きましょう。

[20点]

$$\begin{cases} \dfrac{x+5}{2} - \dfrac{y}{3} = 0 \\ 0.8x - 0.5y = -4.3 \end{cases}$$

答え _____

3 ノート7冊とボールペン10本を買ったところ、代金の合計は1460円になりました。同じノート8冊とボールペン15本を買ったところ、代金の合計は1990円になりました。ノート1冊とボールペン1本の値段はそれぞれいくらですか。

[どちらも正解で20点]

答え _____

PART 6 1次関数

1 1次関数とグラフ

ここが大切！　**1次関数のグラフのかきかた**の流れをおさえよう！

▶▶▶ **試してみる**

□にあてはまる数を入れましょう。
同じ記号には、同じ数が入ります。

1 1次関数とは

x と y が右の式で表されるとき、「y は x の1次関数である」といいます。

このとき、 $y = ax + b$ の a を傾き、b を切片といいます。

例えば、$y = -4x - 7$ なら、傾きは -4、切片は -7 です。

$$1次関数の式 \rightarrow y = ax + b$$

$$y = ax + b$$
傾き　　切片

2 1次関数のグラフのかきかた

1次関数のグラフは、次の3ステップでかくことができます。

> **ステップ1** 1次関数 $y = ax + b$ のグラフは点 $(0, b)$ を通る
> （例えば、$y = 3x + 2$ のグラフなら点 $(0, 2)$ を通る）
> **ステップ2** x に適当な整数を代入して、直線が通る（もう1つの）点を見つける
> **ステップ3** 2つの点を直線で結ぶ

【例】 $y = 3x - 5$ のグラフをかきましょう。

解きかた　$y = 3x - 5$ のグラフを次のように、3ステップでかくことができます。

ステップ1　　1次関数 $y = ax + b$ のグラフは点 $(0, b)$ を通る

$y = 3x - 5$ のグラフは $\left(^{ア}\boxed{}, ^{イ}\boxed{}\right)$ を通ります。

ステップ2　　x に適当な整数を代入して、直線が通る（もう1つの）点を見つける

$y = 3x - 5$ の x に、例えば2を代入すると

$y = 3 \times {}^{ウ}\boxed{} - 5 = {}^{エ}\boxed{}$ となります。

これは、$y = 3x - 5$ のグラフが $\left(2, {}^{エ}\boxed{}\right)$ を通ることを表します。

ステップ3　　2つの点を直線で結ぶ

前の2つのステップで求めた $\left(^{ア}\boxed{}, ^{イ}\boxed{}\right)$ と $\left(2, {}^{エ}\boxed{}\right)$ を

直線で結ぶと、右のように $y = 3x - 5$ のグラフをかくことができます。

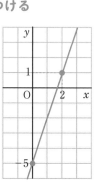

1次関数のグラフが右上がり、
右下がりになるのは、それぞれどんなとき？

1次関数 $y = ax + b$ のグラフで、$a > 0$ のとき
グラフは**右上がり**、$a < 0$ のときグラフは**右下が**
りになります。53ページで学習した比例 $y = ax$
のグラフも同様でしたね。おさえておきましょう。

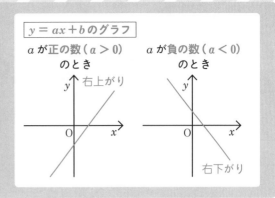

$y = ax + b$のグラフ

a が正の数（$a > 0$）
のとき　　右上がり

a が負の数（$a < 0$）
のとき

右下がり

▶▶▶ 解いてみる

答えは別冊10ページ

$y = -\dfrac{2}{3}x + 2$ のグラフをかきましょう。

💡ヒント　y が整数になるように、
x に数を代入しましょう。

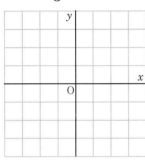

▶▶▶ チャレンジしてみる

答えは別冊10ページ

$y = \dfrac{3}{5}x + \dfrac{2}{5}$ のグラフをかきましょう。

💡ヒント　ステップ**1**をとばして、ステップ**2**からはじめましょう。このとき、x も y も整
数になるような、2つの組み合わせを見つけましょう。

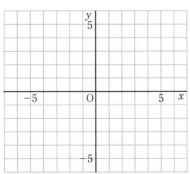

2 1次関数の式の求めかた

ここが大切！ **1次関数の式を求める、3パターンの問題**を解けるようになろう！

▶▶▶ 試してみる

□にあてはまる数を入れましょう。
同じ記号には、同じ数が入ります。

1次関数の式を求める問題を解いていきましょう。

【例1】 グラフの傾きが−2で、点 (2, 3) を通る1次関数の式を求めましょう。

解きかた　傾きが**−2**だから、この1次関数は $y = $ ⟨ア⟩□$x + b$ と表せます。

この b がわかれば、この1次関数の式を求められます。

点 (2, 3) を通るので、$y = $ ⟨ア⟩□$x + b$ に $x = $ ⟨イ⟩□、$y = $ ⟨ウ⟩□を代入すると

⟨ウ⟩□ $= $ ⟨ア⟩□ $× $ ⟨イ⟩□ $+ b$ ← ⟨ア⟩×⟨イ⟩を計算

⟨ウ⟩□ $= $ ⟨エ⟩□ $+ b$ → 両辺を入れかえた式（⟨エ⟩＋b＝⟨ウ⟩）で、⟨エ⟩を右辺に移項

$b = $ ⟨ウ⟩□ $- ($ ⟨エ⟩□ $) = $ ⟨オ⟩□

だから、この1次関数の式は、$y = $ ⟨ア⟩□$x + $ ⟨オ⟩□

【例2】 右の図の直線の式を求めましょう。

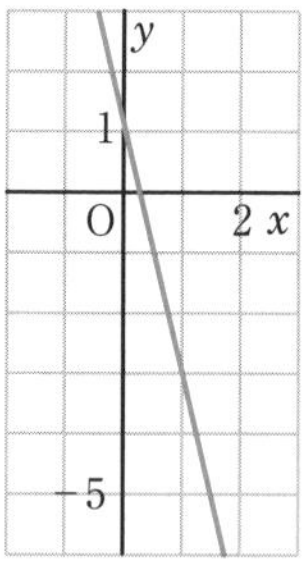

解きかた　3ステップで、グラフから直線の式を求めることができます。

ステップ1　求めたい1次関数を $y = ax + b$ とおく

ステップ2　直線のグラフと y 軸が交わる点 $(0, b)$ から b を求める

直線のグラフと y 軸が交わる点は $(0, $ ⟨カ⟩□$)$ なので、b は ⟨カ⟩□ です。

だから、$y = ax + $ ⟨カ⟩□ と表せます。

ステップ3　直線のグラフ上を通る点を見つけて、それを代入して a を求める

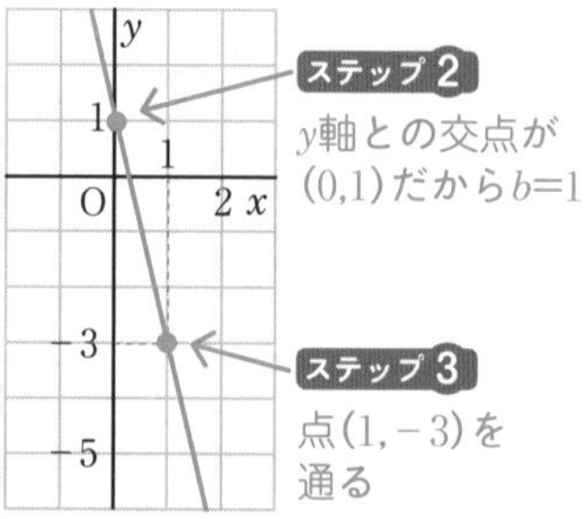

直線のグラフを見ると、点 $(1, -3)$ を通っていることがわかります。

だから、$x = $ ⟨キ⟩□、$y = $ ⟨ク⟩□ を、$y = ax + $ ⟨カ⟩□ に代入すると

⟨ク⟩□ $= a × $ ⟨キ⟩□ $+ $ ⟨カ⟩□

これを解くと $a = $ ⟨ケ⟩□ なので、

直線の式は $y = $ ⟨ケ⟩□$x + $ ⟨カ⟩□

ステップ2
y軸との交点が
$(0, 1)$だから$b = 1$

ステップ3
点$(1, -3)$を
通る

3ステップで、1次関数の式を求めよう！

左ページの【例2】のように、グラフから直線の
式を求める問題は、3ステップで求められました。
一方、次の▶▶▶ 解いてみる、▶▶▶チャレンジして

みるのように、2点の座標から直線の式を求める
問題も、別の3ステップで求められます。

▶▶▶ 解いてみる

答えは別冊11ページ

y は x の1次関数で、そのグラフは2点 $(1, 4)$、$(3, -6)$ を通ります。この1次関数の式を求めるために、▶▶▶ 解いてみるでは、3ステップのうち、ステップ2 までを解きましょう（連立方程式をつくりましょう）。

ステップ1 　求めたい1次関数を $y = ax + b$ とおく

a と b の値がわかれば、直線の式を求められます。

ステップ2 　2点の座標をそれぞれ $y = ax + b$ に代入し、連立方程式をつくりましょう。

答え

▶▶▶ チャレンジしてみる

答えは別冊11ページ

ステップ3 　▶▶▶ 解いてみるでつくった連立方程式を解いて、直線の式を求めましょう。

答え

3 交点の座標の求めかた

ここが大切！ グラフから2直線の交点の座標を求める**問題**は、
2ステップで解こう！

▶▶▶ 試してみる

□にあてはまる数を入れましょう。
同じ記号には、同じ数が入ります。

【例】 2直線があり、それぞれの直線の式は、$y = 3x - 1$ と $y = -2x + 2$ です。このとき、この2直線の交点の座標を求めましょう。

解きかた

2直線の式 $y = 3x - 1$ と $y = -2x + 2$ を、次のように連立方程式にして解きましょう。求められた x と y の値が交点の座標です。

$$\begin{cases} y = 3x - 1 & \cdots\cdots ① \\ y = -2x + 2 & \cdots\cdots ② \end{cases}$$

代入法で解きましょう。
①の式は $y = 3x - 1$ なので、②の式の y に $3x - 1$ を代入すると

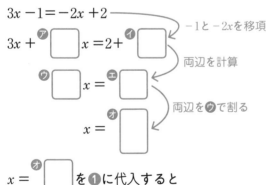

$3x - 1 = -2x + 2$ ——— -1 と $-2x$ を移項

$3x + \boxed{}^{ア} x = 2 + \boxed{}^{イ}$ ——— 両辺を計算

$\boxed{}^{ウ} x = \boxed{}^{エ}$ ——— 両辺を**ウ**で割る

$x = \boxed{}^{オ}$

$x = \boxed{}^{オ}$ を①に代入すると

$y = 3 \times \boxed{}^{オ} - 1 = \boxed{}^{カ} - \dfrac{5}{5} = \boxed{}^{キ}$

答え　$\left(\boxed{}^{オ} , \boxed{}^{キ} \right)$

グラフから2直線の交点の座標を求める問題の解きかたとは？

左ページの【例】の問題文では、2直線の式がわかっていたので、連立方程式を解くだけで、交点の座標を求められました。

一方、次の▶▶解いてみる、▶▶▶チャレンジしてみるでは、まず2直線の式をそれぞれ求める必要があります。その後、2直線の式の連立方程式を解いて、交点の座標を求めるという2ステップで解くようにしましょう。

▶▶▶ 解いてみる

答えは別冊11ページ

右の図で、直線①と直線②の式をそれぞれ求めましょう。

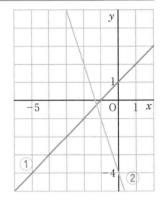

答え

▶▶▶ チャレンジしてみる

答えは別冊11ページ

▶▶▶ 解いてみるの図で、直線①と直線②の交点の座標を求めましょう。

答え

PART
6

1次関数

1次関数 まとめテスト

答えは別冊11ページ

※何度も復習したい方は、直接書き込まずノートを使うとよいでしょう。

1 次の1次関数のグラフをかきましょう。
［各15点、計30点］

（1）$y = x - 2$

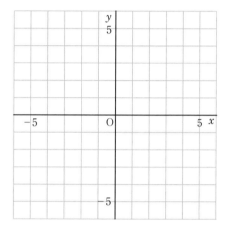

（2）$y = -\dfrac{5}{2}x + 1$

2 グラフの傾きが$-\dfrac{1}{2}$で、点$(10, 6)$を通る1次関数の式を求めましょう。
［20点］

答え _____

3 y は x の1次関数で、そのグラフは2点 $(-1, -1)$、$(-3, -10)$ を通ります。このとき、この1次関数の式を求めましょう。

[20点]

答え _____

4 右の図で、直線①と直線②の交点の座標を求めましょう。

[30点]

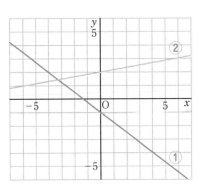

答え _____

1 平方根とは

「5の平方根」と「16の平方根」では、答えかたが違うことに注意しよう！

▶▶▶ **試してみる** □にあてはまる数を入れましょう。
同じ記号には、同じ数が入ります（□には、√をふくんだ数が入ることもあります）。

1 平方根とは

2乗すると a になる数を、a の平方根（へいほうこん）といいます。

例えば、4を2乗すると、$4^2 =$ ⑦□ になります。

また、-4を2乗しても、$(-4)^2 =$ ⑦□ になります。

だから、⑦□ の平方根は、4と-4です。

$$4と-4 \xrightarrow[\text{平方根}]{\text{2乗すると}} ⑦□$$

このように、正の数には平方根が ⑦□ つあり、**絶対値が等しく、符号が異なります。**

例えば、16の平方根4と-4は、絶対値が ⑦□ で等しく、符号が異なります。また、4と-4を合わせて、± 4と表すこともできます（読みかたは、**プラスマイナス4**）。

2 √（根号）の使いかた

a を正の数とすると、a の平方根は、**正と負の2つ**があります。

a の2つの平方根のうち、

正のほうを $\sqrt{a}$（読みかたは、**ルート a**）

負のほうを$-\sqrt{a}$（読みかたは、**マイナスルート a**）と表します。

√は根号（こんごう）といい、**ルート**と読みます。

また、$\sqrt{a}$と$-\sqrt{a}$を合わせて、$\pm\sqrt{a}$と表すこともできます（読みかたは、**プラスマイナスルート a**）。

例えば、5の平方根のうち、正のほうを ⑤□、負のほうを ⑥□ と表します。

⑤□ と ⑥□ を合わせて表すと、⑥□ となります。

※ 1 で例にあげた、「16の平方根」は、$\pm\sqrt{16}$ではなく、± 4と答えるのが正解です（$\pm\sqrt{16}$と答えると間違いになります）。16の平方根（± 4）のように、√を使わずに表せるときは、√を使わずに答えにするようにしましょう。一方、「5の平方根」は、√を使わないと表せないので、$\pm\sqrt{5}$が答えです。

0や負の数に、平方根はあるの？

正の数には、2つの平方根があります。一方で、$0^2 = 0$なので、0の平方根は0だけです。また、（中学数学で習う）どんな数を2乗しても負の数になることはないので、負の数に平方根はありません。

平方根の個数
↓

正の数 … 2つ 【例】10の平方根は$\sqrt{10}$と$-\sqrt{10}$
9の平方根は3と-3
　0　 … 1つ　0の平方根は0（1つ）
負の数 … なし 【例】-9の平方根はない

▶▶▶ 解いてみる

答えは別冊12ページ

次の数の平方根を答えましょう。

（1）36

答え _____

（2）$\dfrac{49}{64}$

答え _____

（3）0.04

答え _____

▶▶▶ チャレンジしてみる

答えは別冊12ページ

次の数の平方根を答えましょう。必要ならば、根号を使って表しましょう。

（1）25

答え _____

（2）26

答え _____

（3）$\dfrac{6}{7}$

答え _____

PART
7
平方根（へいほうこん）

2 根号を使わずに表す

$\sqrt{9}$と$-\sqrt{9}$の意味の違いを、しっかり区別できるようになろう！

▶▶▶ 試してみる

□にあてはまる数を入れましょう。

1 平方根の正と負の表しかた

例えば、$\sqrt{9}$は、9の平方根の正のほうなので、$\sqrt{9}=3$です。

$-\sqrt{9}$は、9の平方根の負のほうなので、$-\sqrt{9}=-3$です。

このように、根号（$\sqrt{}$）を使わずに表すことができる場合があります。

[例1] 次の数を、根号を使わずに表しましょう。

（1）$\sqrt{100}$　　　　　　　　（2）$-\sqrt{4}$

> 解きかた

（1）$\sqrt{100}$は、100の平方根の正のほうなので、$\sqrt{100}=$ ⑦ □

（2）$-\sqrt{4}$は、4の平方根の負のほうなので、$-\sqrt{4}=$ ⑦ □

2 平方根の2つの式

例えば、5の平方根は$\sqrt{5}$と$-\sqrt{5}$です。

つまり、$\sqrt{5}$と$-\sqrt{5}$はどちらも2乗すると、5になります。

$(\sqrt{5})^2=5$　　　　$(-\sqrt{5})^2=5$

この例から、次の式が成り立つことがわかります。

$(\sqrt{a})^2=a$　　　　$(-\sqrt{a})^2=a$

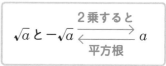

$$\sqrt{a}\text{と}-\sqrt{a} \underset{\text{平方根}}{\overset{\text{2乗すると}}{\rightleftarrows}} a$$

[例2] 次の数を、根号を使わずに表しましょう。

（1）$(\sqrt{15})^2$　　　　　　　　（2）$(-\sqrt{10})^2$

> 解きかた

（1）$(\sqrt{a})^2=a$ の公式から、$(\sqrt{15})^2=$ ⑦ □

（2）$(-\sqrt{a})^2=a$ の公式から、$(-\sqrt{10})^2=$ ⑦ □

平方根の大小をどうやって比べるか？

例えば、$\sqrt{2}$ を 2 回かけると、$\sqrt{2} \times \sqrt{2} = (\sqrt{2})^2 = 2$ となります。

つまり、$\sqrt{2}$ cmは面積が 2cm²の正方形の 1 辺の長さであるといえます。同じように考えると、$\sqrt{3}$ cmは面積が 3cm²の正方形の 1 辺の長さで、$\sqrt{5}$ cmは面積が 5cm²の正方形の 1 辺の長さです。

正方形の面積が大きくなるほど、正方形の 1 辺の長さは長くなるので、次のことがいえます。

「a、b が正の数であるとき、$a < b$ ならば、$\sqrt{a} < \sqrt{b}$」

例えば、6 と 7 の大きさを比べると、$6 < 7$ なので、$\sqrt{6} < \sqrt{7}$ だとわかります。

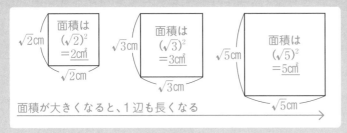

面積が大きくなると、1 辺も長くなる

▶▶▶ 解いてみる

答えは別冊12ページ

次の数を、根号を使わずに表しましょう。

（1）$\sqrt{49}$

答え _____

（2）$-\sqrt{400}$

答え _____

（3）$(\sqrt{23})^2$

答え _____

▶▶▶ チャレンジしてみる

答えは別冊12ページ

次の数を、根号を使わずに表しましょう。

（1）$(\sqrt{6.5})^2$

答え _____

（2）$-(-\sqrt{3})^2$

答え _____

（3）$\left(-\sqrt{\dfrac{20}{21}}\right)^2$

答え _____

3 平方根のかけ算と割り算

ここが大切！

平方根のかけ算と割り算は、次の公式で計算できることをおさえよう！

$$\sqrt{a} \times \sqrt{b} = \sqrt{ab} \qquad \sqrt{a} \div \sqrt{b} = \frac{\sqrt{a}}{\sqrt{b}} = \sqrt{\frac{a}{b}}$$

▶ ▶ ▶ 試してみる

□にあてはまる数を入れましょう。
同じ記号には、同じ数が入ります（□には、√をふくんだ数が入ることもあります）。

1 平方根のかけ算

平方根のかけ算は、次の公式を使って計算します。

$$\sqrt{a} \times \sqrt{b} = \sqrt{ab}$$

【例1】 次の計算をしましょう。

(1) $\sqrt{7} \times \sqrt{11} = \sqrt{{}^{ア}\boxed{} \times {}^{イ}\boxed{}} = {}^{ウ}\boxed{}$
答え

$64 = 8^2$ だから整数に直す

(2) $\sqrt{32} \times (-\sqrt{2}) = -\sqrt{{}^{エ}\boxed{} \times {}^{オ}\boxed{}} = -\sqrt{64} = {}^{カ}\boxed{}$
答え

2 平方根の割り算

平方根の割り算は、次の公式を使って計算します。

$$\sqrt{a} \div \sqrt{b} = \frac{\sqrt{a}}{\sqrt{b}} = \sqrt{\frac{a}{b}}$$

【例2】 次の計算をしましょう。

(1) $\sqrt{14} \div \sqrt{7} = \sqrt{\dfrac{{}^{ク}\boxed{}}{{}^{キ}\boxed{}}} = \sqrt{\dfrac{{}^{ク}\boxed{}}{{}^{キ}\boxed{}}} = {}^{ケ}\boxed{}$
答え

$25 = 5^2$ だから整数に直す

(2) $-\sqrt{75} \div \sqrt{3} = -\sqrt{\dfrac{{}^{サ}\boxed{}}{{}^{コ}\boxed{}}} = -\sqrt{\dfrac{{}^{サ}\boxed{}}{{}^{コ}\boxed{}}} = -\sqrt{25} = {}^{シ}\boxed{}$
答え

$a\sqrt{b}$ と $\sqrt{a^2b}$ は等しいことをおさえよう！

これ以降のページでは、$a\sqrt{b}$ のような表しかた（例えば、$2\sqrt{3}$ など）がよく出てきます。$a\sqrt{b}$ は、a と $\sqrt{b}$ の間の×が省略されたものです。つまり、

$$a\sqrt{b} = a \times \sqrt{b}$$

ということです（例えば、$2\sqrt{3} = 2 \times \sqrt{3}$）。この $a\sqrt{b}$ をさらに変形すると、右上のようになります。

$$a\sqrt{b} = a \times \sqrt{b} = \sqrt{a^2} \times \sqrt{b} = \sqrt{a^2b}$$

a を $\sqrt{a^2}$ に変形

これにより、次の式が成り立ちます（▶▶▶チャレンジしてみるで、この式を使った問題を解いてみましょう）。

$$a\sqrt{b} = \sqrt{a^2b}$$

a を2乗して $\sqrt{\ }$ の中に入れる

▶▶▶ 解いてみる

答えは別冊12ページ

次の計算をしましょう。

（1） $\sqrt{19} \times \sqrt{2}$

答え _____

（2） $-\sqrt{5} \times \sqrt{20}$

答え _____

（3） $\sqrt{30} \div \sqrt{6}$

答え _____

（4） $\sqrt{48} \div (-\sqrt{3})$

答え _____

▶▶▶ チャレンジしてみる

答えは別冊12ページ

次の数を、$\sqrt{a}$ の形に表しましょう。

（1） $2\sqrt{10}$

答え _____

（2） $\dfrac{\sqrt{45}}{3}$

答え _____

PART
7
平方根（へいほうこん）

4 $a\sqrt{b}$ に関する計算

ここが大切！　答えが $a\sqrt{b}$ になるかけ算は、
かける前に素因数分解するのがポイント！

▶▶▶ 試してみる

□にあてはまる数を入れましょう。
同じ記号には、同じ数が入ります（□には、√をふくんだ数が入ることもあります）。

1 $a\sqrt{b}$ の形への変形

右の **式1** が成り立つことは、79ページですでに述べました。

> **式1** $a\sqrt{b}=\sqrt{a^2b}$

この式の両辺を入れかえた、右の **式2** も成り立ちます。
つまり、「√内の2乗の数は、2乗を外して√の外に出せる」という式です。**式2** を使って、次の【例1】を解いてみましょう。

> **式2** $\sqrt{a^2b}=a\sqrt{b}$
> 2乗を外して√の外に出す

【例1】 $\sqrt{18}$ を $a\sqrt{b}$ の形に表しましょう。なお、素因数分解については、20ページを参照してください。

| 解きかた | $\sqrt{18}=\sqrt{\overset{ア}{\boxed{}}^2 \times \overset{イ}{\boxed{}}}=\overset{ウ}{\boxed{}}$ 答え |

18を素因数分解する　　アの2乗を外して√の外に出す（$\sqrt{a^2b}=a\sqrt{b}$）

2 答えが $a\sqrt{b}$ になるかけ算

答えが $a\sqrt{b}$ になるかけ算について、見ていきましょう。
かける前に素因数分解するのがポイントです。

【例2】 次の計算をしましょう。

（1） $\sqrt{48}\times\sqrt{50}$

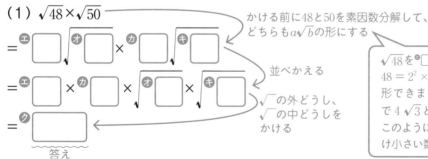

かける前に48と50を素因数分解して、どちらも $a\sqrt{b}$ の形にする

並べかえる

√の外どうし、√の中どうしをかける

> $\sqrt{48}$ を $\boxed{}\sqrt{\boxed{}}$ の形にするとき、$48 = 2^2 \times 12$ なので $2\sqrt{12}$ とも変形できますが、$48 = 4^2 \times 3$ なので $4\sqrt{3}$ とするのが正しいです。このように、$a\sqrt{b}$ の b はできるだけ小さい数にしましょう。

（2） $\sqrt{14}\times\sqrt{21}$

かける前に14と21を素因数分解する

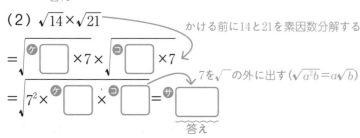

7を√の外に出す（$\sqrt{a^2b}=a\sqrt{b}$）

$\sqrt{a^2b}$ は $a\sqrt{b}$ の形に変形してから計算しよう！

【例2】（1）は、$\sqrt{48}\times\sqrt{50}=\sqrt{48\times50}=\sqrt{2400}=\sqrt{20^2\times6}=20\sqrt{6}$ のように、先に48と50をかけても答えを求めることはできます。しかしこの場合、$\sqrt{2400}$ から $20\sqrt{6}$ の変形が大変になります。ですから、かける前に素因数分解するほうが計算が楽になるのです。すばやく正確に計算するためにも、$\sqrt{a^2b}$ は $a\sqrt{b}$ の形に、先に変形してから計算するようにしましょう。

▶▶▶ 解いてみる

答えは別冊12ページ

次の数を $a\sqrt{b}$ の形に表しましょう。

（1）$\sqrt{27}$

（2）$\sqrt{80}$

答え _____

答え _____

（3）$\sqrt{108}$

答え _____

▶▶▶ チャレンジしてみる

答えは別冊12ページ

次の計算をしましょう。

（1）$\sqrt{32}\times\sqrt{20}$

（2）$\sqrt{22}\times\sqrt{33}$

答え _____

答え _____

（3）$3\sqrt{10}\times2\sqrt{6}$

答え _____

5 分母の有理化

分母が $\sqrt{a^2b}$ の形になっているとき、$a\sqrt{b}$ に変形してから有理化しよう！

▶▶▶ **試してみる**　□にあてはまる数を入れましょう。
同じ記号には、同じ数が入ります（□には、√をふくんだ数が入ることもあります）。

分母を根号（√ ）がない形に変形することを、分母の**有理化**といいます。

分母が $\sqrt{a}$ や $k\sqrt{a}$ のとき、分母と分子に $\sqrt{a}$ をかけると、分母を有理化できます。

【例】 次の数の分母を有理化しましょう。

(1) $\dfrac{\sqrt{2}}{\sqrt{7}} = \dfrac{\sqrt{2} \times \sqrt{\boxed{\text{ア}}}}{\sqrt{7} \times \sqrt{\boxed{\text{ア}}}} = \boxed{\text{イ}}$ 答え

　　　　　　　　↑
　　　分母と分子に $\sqrt{7}$ をかける

(2) $\dfrac{9}{2\sqrt{3}} = \dfrac{9 \times \sqrt{\boxed{\text{ウ}}}}{2\sqrt{3} \times \sqrt{\boxed{\text{ウ}}}} = \dfrac{9 \times \sqrt{\boxed{\text{ウ}}}}{2 \times \left(\sqrt{\boxed{\text{ウ}}}\right)^2} = \dfrac{\overset{3}{9} \times \sqrt{\boxed{\text{ウ}}}}{2 \times 3_1} = \boxed{\text{エ}}$ 答え

　　　　　　　↑　　　　　　　　　　　　　　　　　↑
　　分母と分子に $\sqrt{3}$ をかける　　　　　約分する

(3) $\dfrac{21}{\sqrt{24}} = \dfrac{21}{2\sqrt{6}} = \dfrac{21 \times \sqrt{\boxed{\text{オ}}}}{2\sqrt{6} \times \sqrt{\boxed{\text{オ}}}} = \dfrac{21 \times \sqrt{\boxed{\text{オ}}}}{2 \times \left(\sqrt{\boxed{\text{オ}}}\right)^2} = \dfrac{\overset{7}{21} \times \sqrt{\boxed{\text{オ}}}}{2 \times 6_2} = \boxed{\text{カ}}$ 答え

　　↑　　　　　　　　　　↑　　　　　　　　　　　　　　　　↑
$a\sqrt{b}$ の形にする　　分母と分子に $\sqrt{6}$ をかける　　　約分する

※（3）の解説では、分母の $\sqrt{24}$ を $2\sqrt{6}$（$a\sqrt{b}$ の形）にしてから、分母と分子に $\sqrt{6}$ をかけて有理化しました。

　一方、次のように、いきなり分母と分子に $\sqrt{24}$ をかけて有理化することもできます。

(3) $\dfrac{21}{\sqrt{24}} = \dfrac{21 \times \sqrt{24}}{\sqrt{24} \times \sqrt{24}} = \dfrac{21 \times \sqrt{2^2 \times 6}}{(\sqrt{24})^2} = \dfrac{\overset{7}{21} \times 2\sqrt{6}}{24_4} = \dfrac{7\sqrt{6}}{4}$

　　　　　↑　　　　　　　　　　　　　↑
　分母と分子に $\sqrt{24}$ をかける　　約分する

ただしこの場合、途中式に出てくる数が大きくなることがあります。ですから、**分母を** $a\sqrt{b}$ **の形にしてから有理化する解きかたのほうがおすすめです。**

分母を有理化して答えるのを忘れずに！

次の計算は、有理化が必要な平方根の割り算の一例です。

$$\sqrt{5} \div \sqrt{6} = \frac{\sqrt{5}}{\sqrt{6}} = \frac{\sqrt{5} \times \sqrt{6}}{\sqrt{6} \times \sqrt{6}} = \frac{\sqrt{30}}{6}$$

このまま
答えにすると×　　　　　分母を有理化したものを答えにすると○

これ以降、割り算だけでなく、あらゆる計算において、分母に√がふくまれる場合は、分母を有理化して答えましょう。分母に√をふくんだまま答えにすると間違いになることがあるので注意が必要です。

▶▶▶ 解いてみる

答えは別冊13ページ

次の数の分母を有理化しましょう。

（1）$\dfrac{\sqrt{17}}{\sqrt{3}}$

答え _____

（2）$\dfrac{35}{4\sqrt{5}}$

答え _____

（3）$\dfrac{27}{\sqrt{96}}$

答え _____

▶▶▶ チャレンジしてみる

答えは別冊13ページ

次の計算をしましょう。

（1）$\sqrt{8} \div \sqrt{5}$

答え _____

（2）$-3\sqrt{2} \div 2\sqrt{6}$

答え _____

6 平方根のたし算と引き算

ここが大切！ $a\sqrt{b}$ の形に**変形**することによって、
たし算や引き算ができるようになる場合がある！

▶▶▶ **試してみる**
□にあてはまる数を入れましょう。
同じ記号には、同じ数が入ります（□には、√をふくんだ数が入ることもあります）。

1 平方根のたし算と引き算

平方根のたし算と引き算は、√を文字におきかえると、文字式と同じように計算できます。

［例1］ 次の計算をしましょう。

（1）$5\sqrt{2}+3\sqrt{2}$ （2）$2\sqrt{6}-4\sqrt{7}+\sqrt{6}-5\sqrt{7}$

解きかた

（1）$5\sqrt{2}+3\sqrt{2}$ で、$\sqrt{2}$ を x におきかえると、$5x+3x=8x$ となります。

これと同じように解くと、$5\sqrt{2}+3\sqrt{2}=$ ⁷□

（2）$2\sqrt{6}-4\sqrt{7}+\sqrt{6}-5\sqrt{7}$ で、$\sqrt{6}$ を x に、$\sqrt{7}$ を y にそれぞれおきかえると、
$2x-4y+x-5y=3x-9y$ となります。

これと同じように解くと、$2\sqrt{6}-4\sqrt{7}+\sqrt{6}-5\sqrt{7}=$ ⁱ□

※ⁱは、これ以上かんたんな形にはならないので、これが答えです。

2 $a\sqrt{b}$ に変形してから和や差を求める計算

√の中の数が異なるときでも、$a\sqrt{b}$ の形に変形することによって、√の中の数が同じになり、計算できることがあります。

［例2］ 次の計算をしましょう。
$\sqrt{27}-5\sqrt{3}-2\sqrt{12}$

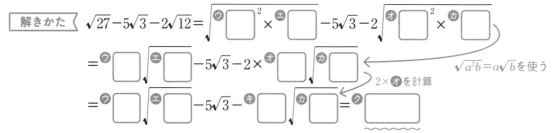

解きかた $\sqrt{27}-5\sqrt{3}-2\sqrt{12}=\sqrt{\overset{ウ}{□}{}^2\times\overset{エ}{□}}-5\sqrt{3}-2\sqrt{\overset{オ}{□}{}^2\times\overset{カ}{□}}$

$=\overset{ウ}{□}\sqrt{\overset{エ}{□}}-5\sqrt{3}-2\times\overset{オ}{□}\sqrt{\overset{カ}{□}}$ ← $\sqrt{a^2b}=a\sqrt{b}$ を使う

$2\times$オを計算

$=\overset{ウ}{□}\sqrt{\overset{エ}{□}}-5\sqrt{3}-\overset{キ}{□}\sqrt{\overset{カ}{□}}=\overset{ク}{□}$

分母を有理化してから和や差を求めよう！

右の計算のように、分母に$\sqrt{\ }$がある場合、分母を
有理化してから計算しましょう。
分母を有理化することによって、その後の計算が
スムーズになることがあります。

$$\frac{8}{\sqrt{2}}-7\sqrt{2} \qquad \frac{8}{\sqrt{2}}\text{の分母と分子に}$$
$$=\frac{8\times\sqrt{2}}{\sqrt{2}\times\sqrt{2}}-7\sqrt{2} \qquad \sqrt{2}\text{をかけて有理化}$$
$$=\frac{\overset{4}{\cancel{8}}\sqrt{2}}{\cancel{2}^{1}}-7\sqrt{2}=4\sqrt{2}-7\sqrt{2}=-3\sqrt{2}$$
$$\uparrow\text{約分する}$$

▶▶▶ 解いてみる

答えは別冊13ページ

次の計算をしましょう。

（1）$\sqrt{3}+5\sqrt{3}-2\sqrt{3}$

答え _____

（2）$8\sqrt{10}+\sqrt{5}-10\sqrt{10}-6\sqrt{5}$

答え _____

（3）$2\sqrt{24}-3\sqrt{54}+\sqrt{96}$

答え _____

（4）$\sqrt{28}-\dfrac{28}{\sqrt{63}}$

答え _____

▶▶▶ チャレンジしてみる

答えは別冊13ページ

まずは、次の**［例］**を見てください。

［例］ $\sqrt{5}(\sqrt{10}+\sqrt{11})=\sqrt{5\times2\times5}+\sqrt{5\times11}=\sqrt{5^2\times2}+\sqrt{55}=5\sqrt{2}+\sqrt{55}$

$\sqrt{5}$をどちらにもかける　　10を素因数分解する　　$\sqrt{a^2b}=a\sqrt{b}$を使う

このように、分配法則を使った、平方根の計算をしましょう。

（1）$\sqrt{3}(\sqrt{15}+\sqrt{7})$

答え _____

（2）$-2\sqrt{2}(3\sqrt{2}-\sqrt{24})$

答え _____

PART
7
平方根（へいほうこん）

平方根
まとめテスト

へいほうこん

答えは別冊13ページ

※何度も復習したい方は、直接書き込まずノートを使うとよいでしょう。

1 次の数の平方根を答えましょう。必要ならば、根号を使って表しましょう。

[各4点、計8点]

（1） 9

答え _____

（2） 11

答え _____

2 次の数を、根号を使わずに表しましょう。

[各4点、計12点]

（1） $\sqrt{64}$

答え _____

（2） $-\sqrt{81}$

答え _____

（3） $(-\sqrt{31})^2$

答え _____

3 次の計算をしましょう。

[各8点、計16点]

（1） $\sqrt{45} \times \sqrt{12}$

答え _____

（2） $5\sqrt{22} \times 2\sqrt{55}$

答え _____

4 （1）と（2）の分母をそれぞれ有理化しましょう。（3）は、分母を
有理化して答えにしましょう。

[各8点、計24点]

（1）$\dfrac{\sqrt{31}}{\sqrt{3}}$

答え _____

（2）$\dfrac{15}{\sqrt{50}}$

答え _____

（3）$5\sqrt{21} \div (-2\sqrt{14})$

答え _____

5 次の計算をしましょう。

[各8点、計40点]

（1）$-5\sqrt{2} + 2\sqrt{2}$

答え _____

（2）$2\sqrt{3} + 2\sqrt{14} - 5\sqrt{3} - 7\sqrt{14}$

答え _____

（3）$\sqrt{80} - 3\sqrt{5} + 3\sqrt{20}$

答え _____

（4）$\dfrac{12}{\sqrt{96}} + \dfrac{\sqrt{6}}{2}$

（5）$-3\sqrt{10}\,(\sqrt{30} - 2\sqrt{70})$

答え _____　　　　答え _____

PART 8　因数分解

1 因数分解とは

> **ここが大切！**
>
> まずは、因数と因数分解という用語の意味をおさえよう！

▶▶▶ 試してみる

□にあてはまる言葉を入れましょう。
同じ記号には、同じ言葉が入ります。

36ページで習った乗法公式を使って、$(x+3)(x+6)$ を**展開**すると、次のようになります。

$$(x+3)(x+6) = x^2+9x+18$$

等式は、左辺と右辺を入れかえても成り立つので、次の式も成り立ちます。

$$x^2+9x+18 = (x+3)(x+6)$$

これは、$x^2+9x+18$ が、$x+3$ と $x+6$ の積（かけ算の答え）であることを表しています。この場合の $x+3$ と $x+6$ のように、**積をつくっている一つひとつの式**を**因数**といいます。
そして、**多項式をいくつかの因数の積の形に表すこと**を、**因数分解**といいます。

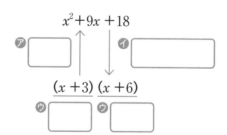

因数分解には、主に「**共通因数でくくる方法**」と「**公式を使う方法**」があります。右ページの ココで差がつく！ポイント では、「共通因数でくくる方法」について説明します。
また、「公式を使う方法」については、90ページ〜93ページで解説します。

共通因数でくくり出す因数分解のコツとは？

すべての項に共通な因数（共通因数）をふくむ多項式では、共通因数をかっこの外にくくり出すことによって、因数分解できることをおさえましょう。

32ページで習った分配法則の左辺と右辺を逆にした、次の式を利用します。

$$ab + ac = a(b + c)$$

共通因数 ↗ a をかっこの外にくくり出す

実際には、次のように、因数分解することができます。

【例】 次の式を因数分解しましょう。

（1） $7ab - 8bc$ 　　　　（2） $20x^2y - 24xy^2$

解きかた

（1） 文字の b が共通なので、かっこの外にくくり出しましょう。

$$7ab - 8bc = b(7a - 8c)$$

共通因数 ↗ b をかっこの外にくくり出す

（2） 係数の 20 と 24 の最大公約数の 4 と、共通の文字の xy を合わせた $4xy$ を、かっこの外にくくり出しましょう。

$20x^2y$ と $24xy^2$ を $4xy \times \square$ にそれぞれ変形

$$20x^2y - 24xy^2$$
$$= 4xy \times 5x - 4xy \times 6y$$
$$= 4xy(5x - 6y)$$

共通因数の $4xy$ をかっこの外にくくり出す

※（2）のように、それぞれの項の係数（の絶対値）の最大公約数が 1 より大きい整数の場合、その整数をかっこの外にくくり出すようにしましょう。

▶▶▶ 解いてみる

答えは別冊14ページ

次の式を因数分解しましょう。

（1） $5xy - 2xz$

（2） $3a^2 + 9a$

▶▶▶ チャレンジしてみる

答えは別冊14ページ

次の式を因数分解しましょう。

（1） $21x^2y - 18xy^2 + 6xy$

（2） $27a^2bc^2 + 45abc^2 - 36ac^2$

PART 8 因数分解

2 公式を使う因数分解 1

ここが大切！

公式 $x^2+(a+b)x+ab=(x+a)(x+b)$ の使いかたをおさえよう！

▶▶▶ 試してみる

□にあてはまる数を入れましょう。
同じ記号には、同じ数が入ります。

1 公式 $x^2+(a+b)x+ab=(x+a)(x+b)$

36ページ〜39ページで、4つの乗法公式を習いました。その**4つの乗法公式の左辺と右辺を入れかえた公式による因数分解**について、見ていきましょう。

式1は、乗法公式の1つです。この式の左辺と右辺を入れかえると、**式2**が成り立ちます。この**式2**を使って因数分解していきましょう。

式1 $(x+a)(x+b)=x^2+(a+b)x+ab$

式2 $x^2+\underset{和}{(a+b)}x+\underset{積}{ab}=(x+a)(x+b)$

【例1】次の式を因数分解しましょう。

（1） $x^2+7x+12$

（2） a^2-a-30

解きかた

（1） $x^2+7x+12$を因数分解するために、「たして7、かけて12になる2つの数」を探しましょう。

$\underset{たして7}{x^2+7x}\ \underset{かけて12}{+12}$

「たして7、かけて12になる2つの数」を探すと、$+\boxed{}^{ア}$ と$+\boxed{}^{イ}$ が見つかります（2つの数のうち、小さいほうを㋐に入れてください）。

$(+\boxed{}^{ア})+(+\boxed{}^{イ})=7$←たして7　　$(+\boxed{}^{ア})\times(+\boxed{}^{イ})=12$←かけて12

この$+\boxed{}^{ア}$ と$+\boxed{}^{イ}$ をもとに、次のように因数分解できます。

$x^2+7x+12=(x+\boxed{}^{ア})(x+\boxed{}^{イ})$

（2） $a^2-a-30\ (=a^2-1a-30)$ を因数分解するために、「たして−1、かけて−30になる2つの数」を探しましょう。

$a^2-a-30=\underset{たして-1}{a^2-1a}\ \underset{かけて-30}{-30}$

「たして−1、かけて−30になる2つの数」を探すと、$+\boxed{}^{ウ}$ と$-\boxed{}^{エ}$ が見つかります。

$(+\boxed{}^{ウ})+(-\boxed{}^{エ})=-1$←たして−1　　$(+\boxed{}^{ウ})\times(-\boxed{}^{エ})=-30$←かけて−30

この$+\boxed{}^{ウ}$ と$-\boxed{}^{エ}$ をもとに、次のように因数分解できます。

$a^2-a-30=(a+\boxed{}^{ウ})(a-\boxed{}^{エ})$

共通因数でくくり出してから、
公式を使って因数分解しよう！

ここでは、次の2ステップで因数分解する **【例】**
を解いてみましょう。

ステップ1　共通因数をかっこの外にくくり出す
ステップ2　公式 $x^2+(a+b)x+ab=(x+a)(x+b)$
　　　　　を使って、さらに因数分解する

【例】 $4x^2+8x-60$ を因数分解しましょう。

解きかた

$$4x^2+8x-60$$
$$=4(x^2+2x-15)$$
$$=4(x+5)(x-3)$$

共通因数の4を
かっこの外にくくり出す

$x^2+(a+b)x+ab=(x+a)(x+b)$

▶▶▶ 解いてみる

答えは別冊14ページ

次の式を因数分解しましょう。

（1） $x^2+12x+20$

（2） a^2-a-2

（3） $x^2+11x-60$

▶▶▶ チャレンジしてみる

答えは別冊14ページ

次の式を因数分解しましょう。

（1） $5x^2+30x+25$

（2） $-2a^2+20a-32$

3 公式を使う因数分解 2

ここが大切！ **さらに3つの公式を使って因数分解できるようになろう！**

▶▶▶ 試してみる

□にあてはまる文字式や数を入れましょう。
同じ記号には、同じ文字式や数が入ります。

2 公式 $x^2+2ax+a^2=(x+a)^2$、$x^2-2ax+a^2=(x-a)^2$

右の公式を使って、因数分解して
いきましょう。

$$x^2+2ax+a^2=(x+a)^2 \qquad x^2-2ax+a^2=(x-a)^2$$
$aの2倍$　$aの2乗$　　　　$aの2倍$　$aの2乗$

【例2】次の式を因数分解しましょう。

（1）$x^2+10x+25$　　　　　　（2）y^2-6y+9

解きかた

（1）$x^2+10x+25$で、10が[ア]□の2倍、25が[ア]□の2乗であることを見つけます。そして、

右のように因数分解します。　$x^2+10x+25=(x+[ア]□)^2$
　　　　　　　　　　　　　　　　　アの2倍　アの2乗

（2）y^2-6y+9で、6が[イ]□の2倍、9が[イ]□の2乗であることを見つけます。そして、

右のように因数分解します。　$y^2-6y+9=(y-[イ]□)^2$
　　　　　　　　　　　　　　　　　イの2倍　イの2乗

3 公式 $x^2-a^2=(x+a)(x-a)$

右の公式を使って、因数分解していきましょう。

$$x^2-a^2=(x+a)(x-a)$$
$xの2乗$　$aの2乗$

【例3】次の式を因数分解しましょう。

（1）x^2-36　　　　　　　　　　（2）$49x^2-64y^2$

解きかた

（1）x^2-36で、x^2が[ウ]□の2乗、36が[エ]□の2乗であることを見つけます。そして、次のように因数分解します。$x^2-36=[ウ]□^2-[エ]□^2=([ウ]□+[エ]□)([ウ]□-[エ]□)$

（2）$49x^2-64y^2$で、$49x^2$が[オ]□の2乗、$64y^2$が[カ]□の2乗であることを見つけます。

そして、次のように因数分解します。

$49x^2-64y^2=([オ]□)^2-([カ]□)^2=([オ]□+[カ]□)([オ]□-[カ]□)$

左ページで習った公式を使って、
2段階の因数分解をしよう！

91 ページの ココで差がつく！ポイント の【例】では、先に共通因数をかっこの外にくくり出してから、公式 $x^2+(a+b)x+ab=(x+a)(x+b)$ を使って、さらに因数分解する練習をしました。同じように、左ページで習った公式を使って、2段階の因数分解をしてみましょう。

【例】 次の式を因数分解しましょう。

（1） $9x^2+18x+9$　　　　（2） $8a^2-2b^2$

解きかた

（1）　$9x^2+18x+9$　　　　共通因数の9をかっこの
　　　$=9(x^2+2x+1)$　　　外にくくり出す
　　　$=9(x+1)^2$　　　　　$x^2+2ax+a^2=(x+a)^2$

（2）　$8a^2-2b^2$　　　　　共通因数の2をかっこの
　　　$=2(4a^2-b^2)$　　　外にくくり出す
　　　$=2(2a+b)(2a-b)$　　$x^2-a^2=(x+a)(x-a)$

▶▶▶ 解いてみる

答えは別冊14ページ

次の式を因数分解しましょう。

（1） $x^2+20x+100$

（2） $y^2-18y+81$

（3） a^2-1

（4） $81x^2-121y^2$

▶▶▶ チャレンジしてみる

答えは別冊14ページ

次の式を因数分解しましょう。

（1） $5a^2-20a+20$

（2） $2x^2-800y^2$

因数分解
まとめテスト

答えは別冊15ページ

合格点75点以上

1回目	月	日	点
2回目	月	日	点
3回目	月	日	点

※何度も復習したい方は、直接書き込まずノートを使うとよいでしょう。

1 次の式を因数分解しましょう。

[各6点、計24点]

（1） $ab - ac$

（2） $8xy + 4yz$

（3） $10a^2 b - 5b$

（4） $9a^2 b^2 + 15ab^2$

2 次の式を因数分解しましょう。

[各6点、計18点]

（1） $x^2 + 3x + 2$

（2） $y^2 - 6y - 7$

（3） $a^2+19a-120$

3 次の式を因数分解しましょう。

［各6点、計18点］

（1） $x^2+8x+16$

（2） $a^2-16a+64$

（3） $y^2-\dfrac{2}{3}y+\dfrac{1}{9}$

4 次の式を因数分解しましょう。

［各6点、計12点］

（1） x^2-4

（2） $1-y^2$

5 次の式を因数分解しましょう。

［（1）（2）は各9点、（3）は10点、計28点］

（1） $2x^2-10x-48$

（2） $-5x^2+30x-45$

（3） $\dfrac{8}{9}a^2-\dfrac{32}{25}b^2$

〈3年生〉

1 2次方程式を平方根の考えかたで解く

ここが
大切！
「2次方程式の意味って何？」という質問に答えられるようにしよう！

▶▶▶ 試してみる

□にあてはまる数を入れましょう。
同じ記号には、同じ数が入ります。

1 2次方程式とは

例えば、$x^2-6=5x$ という式の右辺の $5x$ を左辺に移項すると $x^2-5x-6=0$ となります。
このように、**移項して整理すると（2次式）＝0の形になる方程式を、2次方程式**といいます。そして、**2次方程式を成り立たせる値を、その方程式の解**といいます。

2 2次方程式 $ax^2=b$ の解きかた

$ax^2=b$ や $ax^2-b=0$ という形の2次方程式は、**平方根の考えかた**を使って解きます。

[例] 次の方程式を解きましょう。

（1）$x^2=25$ 　　　　　（2）$3x^2-72=0$ 　　　　　（3）$9x^2-7=0$

解きかた

（1）$x^2=25$ から、x は ^ア□ の平方根であることがわかります。

　　だから、$x=\pm$ ^イ□

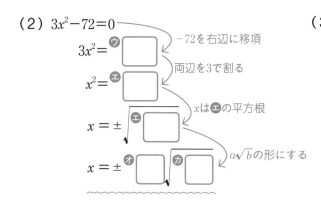

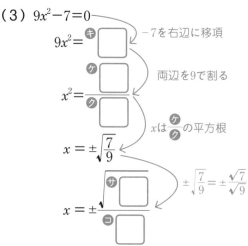

2次方程式$(x+a)^2=b$を解くコツとは？

$(x+a)^2=b$ という形の2次方程式も、平方根の考えかたを使って解くことができます。次の【例】で、解きかたを確かめましょう。

【例】 次の方程式を解きましょう。

（1）$(x+1)^2=16$ 　　（2）$(x-2)^2-12=0$

> 解きかた

（1）$x+1$ は 16 の平方根なので、$x+1=\pm4$

これは、$x+1$が$+4$または-4であることを表しています。

$x+1=4$ のとき、$x=4-1=3$

$x+1=-4$ のとき、$x=-4-1=-5$

$\underline{x=-5,\ x=3}$

（2）-12 を右辺に移項すると $(x-2)^2=12$

$x-2$ は 12 の平方根なので

$x-2=\pm\sqrt{12}$ 　$a\sqrt{b}$の形にする

$x-2=\pm2\sqrt{3}$

　　　　-2を右辺に移項

$x=2\pm2\sqrt{3}$

※「$x=2+2\sqrt{3}$ または $x=2-2\sqrt{3}$」であるとき、これをまとめて $x=2\pm2\sqrt{3}$ のように表します。

▶▶▷ 解いてみる

答えは別冊14ページ

次の方程式を解きましょう。

（1）$x^2=900$

答え _____

（2）$3x^2-60=0$ 　　　　　　　（3）$64x^2-27=0$

答え _____ 　　　**答え** _____

▶▶▶ チャレンジしてみる

答えは別冊14ページ

次の方程式を解きましょう。

（1）$(x-9)^2-25=0$

答え _____

（2）$(x+6)^2-60=0$

答え _____

2 ２次方程式を因数分解で解く

ここが大切！ ２つの式をAとBとするとき、
「$AB = 0$ならば、$A = 0$または、$B = 0$」であることをおさえよう！

▶▶▶ 試してみる

□にあてはまる数を入れましょう。
同じ記号には、同じ数が入ります。

ひとつ前の項目では、平方根の考えかたを使って２次方程式を解きました。

一方、因数分解を使って、２次方程式が解ける場合もあります。因数分解を使って２次方程式を解くとき、次の考えかたを使います。

> ２つの式をAとBとするとき、
> $AB = 0$　ならば　$A = 0$　または　$B = 0$

[例] 次の方程式を解きましょう。

$x^2 - 7x - 30 = 0$

解きかた

まず左辺の$x^2 - 7x - 30$を因数分解します。

左辺は、$x^2 + (a + b)x + ab = (x + a)(x + b)$ の公式で因数分解できます。

$x^2 - 7x - 30$を因数分解するために、「たして-7、かけて-30になる２つの数」を探しましょう。

「たして-7、かけて-30になる２つの数」を探すと、$+$⟨ア⟩□と$-$⟨イ⟩□が見つかります。

だから、もとの２次方程式は、次のように変形できます。

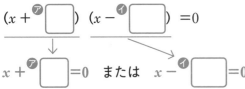

$(x +$⟨ア⟩□$)(x -$⟨イ⟩□$) = 0$

$x +$⟨ア⟩□$= 0$　または　$x -$⟨イ⟩□$= 0$

それぞれを解いて、xの値が小さい順に答えると、$x =$⟨ウ⟩□$, x =$⟨エ⟩□

共通因数でくくり出す因数分解も使える！

2次方程式を解くとき、89ページで習った「共通因数でくくり出す因数分解」を使うこともできます。次の【例】を見てください。

【例】方程式 $x^2 - 5x = 0$ を解きましょう。

解きかた

$x^2 - 5x = 0$ 　左辺の共通因数 x を

$x(x - 5) = 0$ 　かっこの外にくくり出す

$x = 0$ または $x - 5 = 0$

これにより、$x = 0$、$x = 5$

このように、公式だけでなく、共通因数でくくり出す因数分解を使って、2次方程式を解くこともできる場合があることをおさえましょう。

▶▶▶ 解いてみる
答えは別冊15ページ

方程式 $x^2 - 11x = 0$ を解きましょう。

答え _____

▶▶▶ チャレンジしてみる
答えは別冊15ページ

次の方程式を解きましょう。

（1）$x^2 + 6x + 5 = 0$

答え _____

（2）$x^2 + 12x + 36 = 0$

答え _____

（3）$x^2 - 20x + 100 = 0$

答え _____

（4）$x^2 - 225 = 0$

答え _____

PART
9

2次方程式

3 2次方程式を解の公式で解く

ここが
大切！
$ax^2+bx+c=0$のbが奇数か偶数かによって、公式を使い分けよう！

▶▶▶ 試してみる

□にあてはまる数を入れましょう。
同じ記号には、同じ数が入ります（□には、√をふくんだ数が入ることもあります）。

1 解の公式とは

すでに習った**平方根、因数分解、どちらの考えかた**で
も、2次方程式が解けない場合は、解の公式を使って
解きましょう。

【例】方程式 $3x^2+5x-4=0$ を解きましょう。

> **2次方程式の解の公式**
> 2次方程式 $ax^2+bx+c=0$ の解は
> $$x=\frac{-b\pm\sqrt{b^2-4ac}}{2a}$$

解きかた

$$3x^2+5x-4=0$$
　↑　　↑　　↑
　a　　b　　c

解の公式に、$a=3$、$b=5$、$c=-4$を代入して計算すると

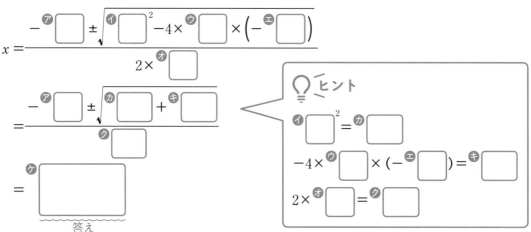

$$x=\frac{-{}^{ア}\boxed{}\pm\sqrt{{}^{イ}\boxed{}^2-4\times{}^{ウ}\boxed{}\times\left(-{}^{エ}\boxed{}\right)}}{2\times{}^{オ}\boxed{}}$$

$$=\frac{-{}^{ア}\boxed{}\pm\sqrt{{}^{カ}\boxed{}+{}^{キ}\boxed{}}}{{}^{ク}\boxed{}}$$

$$={}^{ケ}\boxed{}$$
　　　　答え

ヒント

$${}^{イ}\boxed{}^2={}^{カ}\boxed{}$$

$$-4\times{}^{ウ}\boxed{}\times\left(-{}^{エ}\boxed{}\right)={}^{キ}\boxed{}$$

$$2\times{}^{オ}\boxed{}={}^{ク}\boxed{}$$

2 bが偶数のときの解の公式

2次方程式 $ax^2+bx+c=0$ で、b が偶数のとき、b
を2で割ったものをb'とすると、右の解の公式が成り
立ちます。

詳しくは、右ページの ココで差がつく！ポイント を見てくだ
さい。

> **bが偶数のときの解の公式**
> 2次方程式 $ax^2+bx+c=0$ で、
> b を2で割ったものをb'とすると
> $$x=\frac{-b'\pm\sqrt{b'^2-ac}}{a}$$

「bが偶数のときの解の公式」の使いかたとは？

「bが偶数のときの解の公式」はどのように使えばよいのでしょうか。次の【例】を解きながら見ていきましょう。

【例】方程式 $8x^2 - 6x - 9 = 0$ を解きましょう。

解きかた

bが偶数の-6なので「bが偶数のときの解の公式」が使えます（小学校で習う算数では、偶数は（小さい順に）、0、2、4、6、…でした。一方、数学では、…、-6、-4、-2のように、2で割り切れる負の数も、偶数に入れます）。

bを2で割ったものがb'なので、$b' = -6 \div 2 = -3$

「bが偶数のときの解の公式」に、$a = 8$、$b' = -3$、$c = -9$を代入して計算すると

$$x = \frac{-(-3) \pm \sqrt{(-3)^2 - 8 \times (-9)}}{8}$$

$$= \frac{3 \pm \sqrt{9 + 72}}{8}$$

$$= \frac{3 \pm \sqrt{81}}{8}$$

$$= \frac{3 \pm 9}{8} \leftarrow \frac{3+9}{8} \text{ または } \frac{3-9}{8} \text{ という意味}$$

$$x = \frac{3+9}{8} = \frac{12}{8} = \frac{3}{2}$$

$$x = \frac{3-9}{8} = -\frac{6}{8} = -\frac{3}{4}$$

答え $x = -\dfrac{3}{4}$、$x = \dfrac{3}{2}$

上のような流れで、解をみちびくことができます。また、この【例】のように、解が$\sqrt{}$をふくまない形になることもあることもおさえておきましょう。

▶▶▶ 解いてみる

答えは別冊15ページ

次の方程式を解きましょう。

（1） $2x^2 - 9x + 5 = 0$

答え _____

（2） $x^2 + 10x - 7 = 0$

答え _____

PART
9

2次方程式

▶▶▶ チャレンジしてみる

答えは別冊15ページ

方程式 $3x^2 - 11x + 10 = 0$ を解きましょう。

答え _____

4 2次方程式の文章題

ここが
大切！ **方程式を解いた後、解が問題に適しているか必ず確認しよう！**

▶▶▶ **試してみる**

□にあてはまる数を入れましょう。
同じ記号には、同じ数が入ります。

**2次方程式の文章題は、
右の4ステップで解きましょう。**

> **ステップ1** 求めたいものを x とする
> **ステップ2** 方程式をつくる
> **ステップ3** 方程式を解く
> **ステップ4** 解が問題に適しているかどうかを確かめる

[例1] ある自然数から3を引いた数の2乗が、もとの数を4倍して9をたした数に等しいとき、もとの自然数を求めましょう。自然数とは、正の整数（1以上の整数）のことです。

解きかた 4つのステップによって、次のように解くことができます。

ステップ1 求めたいものを x とする
もとの自然数を x とします。

ステップ2 方程式をつくる

自然数 x から3を引いた数の2乗は、$(x - \boxed{}^{ア})^2$ と表せます。

もとの数を4倍して9をたした数は、$\boxed{}^{イ}x + \boxed{}^{ウ}$ と表せます。

これらが等しいので、右の方程式が成り立ちます。 $(x - \boxed{}^{ア})^2 = \boxed{}^{イ}x + \boxed{}^{ウ}$

ステップ3 方程式を解く

$(x - \boxed{}^{ア})^2 = \boxed{}^{イ}x + \boxed{}^{ウ}$

$x^2 - \boxed{}^{エ}x + \boxed{}^{オ} = \boxed{}^{イ}x + \boxed{}^{ウ}$

$x^2 - \boxed{}^{エ}x + \boxed{}^{オ} - \boxed{}^{イ}x - \boxed{}^{ウ} = 0$

$x^2 - \boxed{}^{カ}x = 0$

$x(x - \boxed{}^{キ}) = 0$

値が小さい順に、$x = \boxed{}^{ク}$、$x = \boxed{}^{ケ}$

ステップ4 解が問題に適しているかどうかを確かめる

x は自然数（正の整数）なので、

$x = \boxed{}^{ク}$ は問題に適していますが、

$x = \boxed{}^{ケ}$ は問題に適していません。

だから、$x = \boxed{}^{ケ}$

答え $\boxed{}^{ケ}$

答えが2通りになることもある！

左ページの【例1】では、$x = 0$ が問題に適していなかったので、答えは、$x = 10$ の1通りになりました。一方、次の【例2】を見てください。

【例2】ある**整数**から3を引いた数の2乗が、もとの数を4倍して9をたした数に等しいとき、もとの**整数**を求めましょう。

【例1】と【例2】の問題文の違いは、自然数が整数にかわっていることだけです。ただし、【例2】では「整数を求める」ため、$x = 10$ だけでなく、$x = 0$ も答えに加わります。つまり、【例2】の答えは「0と10」の2通りであるということです。このように、問題文の条件がかわれば、答えが何通りになるか、かわることがあるので注意しましょう。

▶▶▶ 解いてみる

答えは別冊16ページ

「底辺の長さが高さより5cm長い三角形があり、この三角形の面積は18cm²です。この三角形の底辺の長さは何cmですか」という文章題について、底辺の長さを x cmとおいて、2次方程式をつくりましょう（展開していない最初の方程式を答えにしてください）。

答え _____

▶▶▶ チャレンジしてみる

答えは別冊16ページ

▶▶▶ **解いてみる**でつくった方程式を解いて、底辺の長さを求めましょう。

答え _____

２次方程式 まとめテスト

答えは別冊16ページ

※何度も復習したい方は、直接書き込まずノートを使うとよいでしょう。

1 次の方程式を解きましょう。
[各10点、計20点]

（1） $2x^2 - 90 = 0$

（2） $(x + 1)^2 - 48 = 0$

答え _____

答え _____

2 次の方程式を解きましょう。
[各10点、計20点]

（1） $x^2 + 3x - 40 = 0$

答え _____

（2） $x^2 + 6x + 9 = 0$

答え _____

3 次の方程式を解きましょう。
[各15点、計30点]

（1） $2x^2 + 7x + 1 = 0$

答え _____

（2）$4x^2+4x-15=0$

答え _____

4 連続する２つの整数があります。それぞれを２乗した数の和が85であるとき、この２つの整数を求めましょう。

[すべて正解で30点]

答え _____

1 $y = ax^2$ とグラフ

ここが
大切！　$y = ax^2$ のグラフは、放物線という曲線であることをおさえよう！

▶▶▶ 試してみる

□にあてはまる数を入れましょう。
同じ記号には、同じ数が入ります。

$y = 2x^2$ や、$y = -x^2$ のように、$y = ax^2$ という形で表されるとき、「y は x^2 に比例する」といいます。

【例】y は x^2 に比例しており、$x = 3$ のとき $y = -36$ です。このとき、次の問いに答えましょう。
（1）y を x の式で表しましょう。
（2）$x = -1$ のときの y の値を求めましょう。

解きかた

（1）「y を x の式で表す」というのは、「$y = （x をふくむ式）$」という形にすることです。
y は x^2 に比例しているので、$y = ax^2$ とおくことができます。そして、a を求めれば、y を x の式で表すことができます。
$x = 3$ と $y = -36$ を、$y = ax^2$ に代入すると

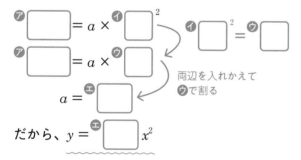

だから、$y = {}^{エ}\boxed{} x^2$

（2）$y = {}^{エ}\boxed{} x^2$ に $x = -1$ を代入すると
$y = {}^{エ}\boxed{} \times \left({}^{オ}\boxed{} \right)^2 = {}^{エ}\boxed{} \times {}^{カ}\boxed{} = {}^{キ}\boxed{}$

$y＝ax^2$のグラフのかきかたをおさえよう！

例えば、$y＝x^2$のグラフをかく場合を考えてみましょう。

まず、$y＝x^2$のxにそれぞれの値を代入して、yの値を求めると、次のような表がつくれます。

x	…	-3	-2	-1	0	1	2	3	…
y	…	9	4	1	0	1	4	9	…

上の表を見ながら、座標平面上にこれらの座標の点をとり、それを曲線でなめらかに結ぶと、右のように、$y＝x^2$のグラフをかくことができます。

それぞれの点を直線で結ぶのではなく、なめらかな曲線で結ぶのがポイントです。

$y＝ax^2$のグラフのような曲線を、放物線といいます。$y＝ax^2$のグラフは、必ず原点を通ります。

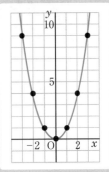

▶▶▶ 解いてみる

答えは別冊16ページ

yはx^2に比例しており、$x＝-2$のとき$y＝20$です。このとき、$x＝-3$のときのyの値を求めましょう。

答え

▶▶▶ チャレンジしてみる

答えは別冊16ページ

$y＝-\dfrac{1}{4}x^2$について、次の問いに答えましょう。

（1）$y＝-\dfrac{1}{4}x^2$について、
右の表を完成させましょう。

x	…	-6	-4	-2	0	2	4	6	…
y	…								…

（2）（1）の表をもとに、$y＝-\dfrac{1}{4}x^2$のグラフをかきましょう。

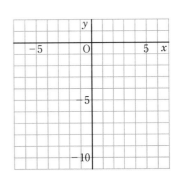

2 変化の割合とは

ここが大切！ 1次関数と$y=ax^2$で、変化の割合がどう違うかをおさえよう！

試してみる

□にあてはまる数を入れましょう。
同じ記号には、同じ数が入ります。

変化の割合とは、**xが増える量に対して、yがどれだけ増えたかを示す割合**であり、$\frac{y\text{の増加量}}{x\text{の増加量}}$という形で表すことができます。増加量というのは「どれだけ増えたのか」ということです。

1 1次関数の変化の割合

ここで、1次関数に話を戻して、1次関数の変化の割合について見てみましょう。

［例1］ 1次関数$y=5x-1$で、xの値が3から7まで変化するとき、次の問いに答えましょう。

（1）xの増加量とyの増加量をそれぞれ答えましょう。

（2）このときの変化の割合を求めましょう。

解きかた

（1）xの値は3から7まで変化するので、xの増加量は7－3＝ア□です。

$x=3$を$y=5x-1$に代入すると、$y=5\times$イ□－1＝ウ□

$x=7$を$y=5x-1$に代入すると、$y=5\times$エ□－1＝オ□

yの値はウ□からオ□まで変化するので、

yの増加量はオ□－ウ□＝カ□です。

答え　xの増加量ア□、yの増加量カ□

（2）（1）より

変化の割合＝$\frac{y\text{の増加量}}{x\text{の増加量}}$＝$\frac{カ□}{ア□}$＝キ□

答え　キ□

※1次関数$y=ax+b$の変化の割合は、いつでも傾きのa（一定）に等しくなります。上の［例1］では、$y=5x-1$の変化の割合を計算して求めました。一方、変化の割合が傾き5と等しくなることから、計算しなくても、変化の割合を5と求めることもできます。

2 $y=ax^2$の変化の割合

$y=ax^2$の変化の割合については、右のページの ココで差がつく！ポイント を見てください。

$y=ax^2$ の変化の割合をどう求めるか？

$y=ax^2$ の変化の割合について、次の【例2】を解きながら学んでいきましょう。

【例2】 関数 $y=2x^2$ で、x の値が 1 から 3 まで変化するとき、変化の割合を求めましょう。

> 解きかた

x の値は 1 から 3 まで変化するので、x の増加量は $3-1=2$ です。

$x=1$ を $y=2x^2$ に代入すると、$y=2\times1^2=2\times1=2$

$x=3$ を $y=2x^2$ に代入すると、$y=2\times3^2=2\times9=18$

y の値は 2 から 18 まで変化するので、y の増加量は $18-2=16$ です。

変化の割合 $=\dfrac{y\text{の増加量}}{x\text{の増加量}}=\dfrac{16}{2}=8$ 　　　**答え** 　8

※関数 $y=2x^2$ で、例えば、x の値が -5 から -3 に変化するときの、変化の割合を求めると、-16 になります（計算は省略します）。

このように、$y=ax^2$ では、x の値が何から何に変化するかによって、変化の割合はかわります。

▶▶▶ 解いてみる

答えは別冊17ページ

1次関数 $y=-4x+3$ で、x の値が2から5まで変化するとき、変化の割合を求めましょう。

答え _____

▶▶▶ チャレンジしてみる

答えは別冊17ページ

関数 $y=-\dfrac{1}{2}x^2$ で、x の値が -8 から -6 まで変化するとき、変化の割合を求めましょう。

答え _____

PART
10
関数 $y=ax^2$

関数 $y = ax^2$
まとめテスト

答えは別冊17ページ

※何度も復習したい方は、直接書き込まずノートを使うとよいでしょう。

1 y は x^2 に比例しており、$x = 9$ のとき $y = -27$ です。このとき、次の問いに答えましょう。

[各10点、計20点]

（1）y を x の式で表しましょう。

答え _____

（2）$x = -6$ のときの y の値を求めましょう。

答え _____

2 次の問いに答えましょう。

[（1）と（2）は、それぞれすべて正解で10点、（3）は各15点、計50点]

（1）$y = \dfrac{1}{2}x^2$ について、右の表を完成させましょう（答えが整数以外になるときは分数で答えましょう）。

x	$\cdots$	-3	-2	-1	0	1	2	3	$\cdots$
y	$\cdots$								$\cdots$

（2）$y = -\dfrac{1}{2}x^2$ について、右の表を完成させましょう（答えが整数以外になるときは分数で答えましょう）。

x	$\cdots$	-3	-2	-1	0	1	2	3	$\cdots$
y	$\cdots$								$\cdots$

（3）（1）（2）をもとに、$y = \frac{1}{2}x^2$ と $y = -\frac{1}{2}x^2$ のそれぞれの
グラフをかきましょう。

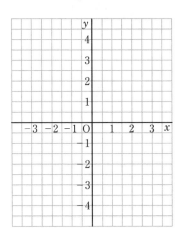

3 1次関数 $y = -\frac{7}{3}x - 5$ で、x の値が6から12まで変化するとき、変化の
割合を求めましょう。

[15点]

答え _____

4 関数 $y = -3x^2$ で、x の値が−5から−3まで変化するとき、変化の割合
を求めましょう。

[15点]

答え _____

1 度数分布表と累積度数

ここが大切！ **度数分布表や、2021年度から中学数学の範囲になった累積度数など**の意味をおさえよう！

▶▶▶ 試してみる

□にあてはまる数を入れましょう。
同じ記号には同じ数が入ります。

調査や実験などによって得られた数や量の集まりを、データといいます。
データを整理するときに、度数分布表が使われることがあります。

[例1] 右の 表1 は、40人の生徒が、ハンドボール投げをした結果を、度数分布表に表して、累積度数の欄を加えたものです。この表の イ□、エ□、カ□、ク□、コ□、シ□ にあてはまる累積度数を、それぞれ答えましょう。

表1

ハンドボール投げの結果（m）	度数（人）	累積度数（人）
5 以上 ～ 10 未満	㋐ 5	㋑ □
10 ～ 15	㋒ 7	㋓ □
15 ～ 20	㋔ 11	㋕ □
20 ～ 25	㋖ 8	㋗ □
25 ～ 30	㋘ 6	㋙ □
30 ～ 35	㋚ 3	㋛ □
合計	㋜ 40	

💡ヒント
← ㋑＝㋐
← ㋓＝㋑＋㋒
← ㋕＝㋓＋㋔
← ㋗＝㋕＋㋖
← ㋙＝㋗＋㋘
← ㋛＝㋙＋㋚（＝㋜）

この 表1 について、次の用語の意味をおさえ、㋝、㋞、㋟の□にあてはまる数をそれぞれ答えましょう。

階級 … **区切られたそれぞれの区間**（ 表1 で、20m 以上25m 未満など）

階級の幅 … **区間の幅**（ 表1 の階級の幅は、㋝□ （m））

階級値 … **それぞれの階級の真ん中の値**（ 表1 で、15m 以上20m 未満の階級値は、
(15＋20)÷2を計算して、㋞□ （m）と求められる）

度数 … **それぞれの階級にふくまれるデータの個数**（ 表1 で、例えば、25m 以上30m 未満の
度数は、㋟□ （人））

度数分布表 … 表1 のように、**データをいくつかの階級に区切って、それぞれの階級の度数
を表した表**（正式には、 表1 から、累積度数の欄を削除した表）

累積度数 … **もっとも小さい階級の度数から、それぞれの階級までの度数をすべてたした値**

累積度数から読み取れることとは何か？

累積度数という用語は、2021年度からの新学習指導要領で、中学数学の範囲に加わりました。累積度数について知ることで、次のような問題にもスムーズに答えることができます。

[例2] 左ページの 表1 をもとに、次の問いに答えましょう。

（1）結果が 20m 未満の生徒は何人ですか。

（2）結果が 25m 未満の生徒は、生徒全体の何％にあたりますか。

解きかた

（1）結果が 20m 未満の生徒数は、表1 の累積度数 カ の人数をそのまま答えにすればよいので、23人 です。

答え　23人

（2）結果が 25m 未満の生徒数は、表1 の累積度数 ク から31人とわかります。31 ÷ 40 ＝ 0.775 なので、全体の 77.5％です。

答え　77.5％

▶▶▶ 解いてみる

答えは別冊17ページ

次の 表2 は、あるクラス35人の社会のテスト結果を度数分布表に表して、累積度数の欄を加えたものです。この表の チ 、 テ 、 ナ 、 ヌ 、 ノ 、 ヒ の□にあてはまる度数を、それぞれ答えましょう。

表2

社会のテストの結果（点）	度数（人）	累積度数（人）	🔆ヒント
50 以上 ～ 60未満	チ ☐	ツ 6	← チ＝ツ
60 ～ 70	テ ☐	ト 14	← テ＝ト－ツ
70 ～ 80	ナ ☐	ニ 26	← ナ＝ニ－ト
80 ～ 90	ヌ ☐	ネ 31	← ヌ＝ネ－ニ
90 ～ 100	ノ ☐	ハ 35	← ノ＝ハ－ネ
合計	ヒ ☐		← ヒ＝ハ

答え _____

▶▶▶ チャレンジしてみる

答えは別冊17ページ

表2 をもとに、次の問いに答えましょう。

（1）60点以上80点未満の生徒は何人ですか。

答え _____

（2）70点未満の生徒は、生徒全体の何％にあたりますか。

答え _____

2 四分位範囲と箱ひげ図
しぶんいはんい　はこ　ず

ここが
大切！ **箱ひげ図は、5つの値を図に表したもの！**

▶▶▶ 試してみる

□にあてはまる数を入れましょう。
同じ記号には、同じ数が入ります。

次の**【例】**を解きながら、データに関する用語について、その意味を確認していきましょう。

【例】 9人の生徒に10問のクイズを出したとき、それぞれの正解数は次のようになりました。
このとき、後の問いに答えましょう。

$$7 \quad 5 \quad 6 \quad 7 \quad 3 \quad 6 \quad 4 \quad 7 \quad 9$$

（1）このデータの中央値は何問ですか。
ちゅうおうち

（2）このデータの範囲は何問ですか。
はんい

解きかた

（1）データを小さい順に並べたとき、中央にくる値を、中央値、またはメジアンといいます。
このデータの値の個数は奇数（㋐ □ 個）です。この場合、データを小さい順に並べたとき、
中央の1つの値を、そのまま中央値とするようにしましょう。
このデータを小さい順に並べて中央値を求めると、次のようになります。

$$3 \quad 4 \quad 5 \quad 6 \qquad \text{㋑}\boxed{} \qquad 7 \quad 7 \quad 7 \quad 9$$

4個　　↑　　4個
中央値

答え　㋑ □ 問

※データの値の個数が偶数のときの中央値の求めかたは、右ページの▶▶ 解いてみるの★を参照。

（2）データの最大値と最小値の差を、範囲といいます。 このデータにおいて、最大値の9（問）
から最小値の3（問）を引くと、範囲が（9−3＝）㋒ □ 問であることがわかります。

答え　㋒ □ 問

一つひとつの用語の意味はかんたん！

次の▶▶▶ 解いてみると、▶▶▶ チャレンジしてみるでは、四分位数、四分位範囲、箱ひげ図などの用語が出てきます。これらの用語は高校数学の範囲

でしたが、2021年度の新学習指導要領で、中学数学の範囲になりました。難しそうな印象をもつ方もいるかもしれませんが、それぞれの用語の意味はかんたんなので、おさえていきましょう。

▶▶▶ 解いてみる

答えは別冊18ページ

左ページの【例】のデータについて、次の**エ**〜**カ**の□にあてはまる数を入れましょう。同じ記号には、同じ数が入ります。

・このデータの第1四分位数、第2四分位数、第3四分位数は、それぞれ何問ですか。

解きかた データを値の小さい順に並べたとき、4等分する位置の値を、四分位数といいます。データの散らばり具合を「範囲」よりもさらに詳しく知るために、四分位数や、四分位範囲（下の※を参照）が使われます。

四分位数は、小さい順に、第1四分位数、第2四分位数、第3四分位数といいます。**第2四分位数は、中央値と同じ意味です。**【例】のデータを小さい順に並べて、四分位数を調べると、右のようになります。

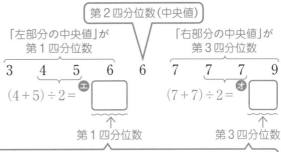

★データの値の個数が偶数（この例では、それぞれ4個）の場合、データを小さい順に並べて、「中央にくる2つの値の平均値」が中央値になる

答え 第1四分位数 **エ**□ 問、第2四分位数 **カ**□ 問、第3四分位数 **オ**□ 問

※**第3四分位数から第1四分位数を引いた値を、四分位範囲といいます。**【例】のデータの四分位範囲を求めると、次のようになります。

四分位範囲＝第3四分位数−第1四分位数＝7−4.5＝2.5（問）

▶▶▶ チャレンジしてみる

答えは別冊18ページ

左ページの【例】のデータについて、箱ひげ図をかきましょう。

解きかた 最小値、第1四分位数、第2四分位数（中央値）、第3四分位数、最大値の計5つの値を図に表したものが、箱ひげ図です。箱ひげ図をかくことによって、**データの散らばり具合を、目で見てわかりやすい形に表す**ことができます。

右の図に、左ページの【例】のデータについての箱ひげ図をかきましょう。

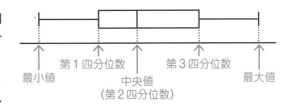

・近似値（真の値ではないが、それに近い値）や誤差（近似値から真の値を引いた差）、有効数字（近似値を表す数のうち、意味のある数字）について学びたい方は、特典PDFをダウンロードしてください（5ページ参照）。

1 確率とは

▶▶▶ 試してみる

□にあてはまる数を入れましょう。
同じ記号には、同じ数が入ります。

1 確率とは

確率は、右の式で表すことができます。

$$確率 = \frac{あることがらが起こるのが何通りあるか}{全部で何通りあるか}$$

[例1] 1つのサイコロを投げるとき、4以上の目が出る確率を求めましょう。

解きかた

1つのサイコロを投げると、1〜6の**全部で** ア□ 通りの目の出かたがあります。

一方、4以上の目が出るのは、小さい順に、4、5、6の イ□ 通りです。

だから、確率は次のように求められます。

$$確率 = \frac{あることがらが起こるのが何通りあるか}{全部で何通りあるか} = \frac{イ□}{ア□} = \frac{エ□}{ウ□}$$

答え $\frac{エ□}{ウ□}$

2 樹形図をかいて確率を求める

「何通りあるか」を調べるために使う、木が枝分かれしたような形の図を樹形図といいます。
樹形図を使うことによって、**もれや重なりのないように、何通りかを調べる**ことができます。
樹形図をかいて確率を求める問題を解いてみましょう。

[例2] 2枚の硬貨を投げるとき、2枚とも表になる確率を求めましょう。

解きかた

2枚の硬貨を、硬貨X、硬貨Yとします。そして、表と裏の出かたを
樹形図に表すと、右のようになります。

硬貨X	硬貨Y

樹形図から、出かたは**全部で** オ□ 通りあります。

一方、2枚とも表になる出かたは、★をつけた カ□ 通りです。

だから、確率は次のように求められます。

$$確率 = \frac{あることがらが起こるのが何通りあるか}{全部で何通りあるか} = \frac{カ□}{オ□}$$

答え $\frac{カ□}{オ□}$

確率の値は「0以上1以下」
であることをおさえよう！

確率の値はどんな範囲であるかを考えるために、
次の【例】を見てください。

【例】 1つのサイコロを投げるとき、次の問いに
答えましょう。

（1） 出た目が9になる確率を求めましょう。

（2） 出た目が1以上6以下になる確率を求めま
しょう。

解きかた

（1） 1つのサイコロを投げると、1〜6の全部で
6通りの目の出かたがあります。一方、1つのサ
イコロを投げるとき、出た目が9になることはあ
りえません。つまり、出た目が9になるのは0通

りです。そのため、出た目が9になる確率は、$\frac{0}{6}$
＝0です。このように、絶対に起こらないときの
確率は0となります。 **答え** 0

（2） 1つのサイコロを投げると、1〜6の全部で
6通りの目の出かたがあり、出た目が1以上6以
下になるのも6通りあります。そのため、出た目
が1以上6以下になる確率は、$\frac{6}{6}$＝1です。1つ
のサイコロを投げると、必ず1〜6のいずれかの
目が出ます。このように、必ず起こるときの確率
は1となります。 **答え** 1

絶対に起こらないときの確率は0で、必ず起こる
ときの確率は1なので、確率は「0以上1以下」
の値であるということです。しっかりおさえてお
きましょう。

▶▶▶ 解いてみる

答えは別冊18ページ

ジョーカーを除く52枚のトランプから1枚を引くとき、そのカードがハー
トかダイヤかクラブのいずれかである確率を求めましょう。

答え

▶▶▶ チャレンジしてみる

答えは別冊18ページ

3枚の硬貨を投げるとき、2枚以上が表になる確率を求めましょう。

答え

2 2つのサイコロを投げるときの確率

ここが大切！ 表をかいて何通りあるか調べる方法をマスターしよう！

▶▶▶ 試してみる

□にあてはまる数を入れましょう。
同じ記号には、同じ数が入ります。

【例】 大小2つのサイコロを投げるとき、次の問いに答えましょう。
（1）出た目の和が5以下になる確率を求めましょう。
（2）出た目の積が4になる確率を求めましょう。

解きかた

（1）2つのサイコロを投げる問題では、右のような表をかいて考えましょう。

※●の中の数は、出た目の**和**を表しています。

右の表のように、大小2つのサイコロの目の出かたは全部で、

$\boxed{}^{ア} \times \boxed{}^{イ} = \boxed{}^{ウ}$ （通り）です。

大\小	1	2	3	4	5	6
1	②	③	④	⑤		
2	③	④	⑤			
3	④	⑤				
4	⑤					
5						
6						

一方、出た目の和が5以下になるのは、●をつけた $\boxed{}^{エ}$ 通りです。

だから、確率は $\dfrac{\boxed{}^{エ}}{\boxed{}^{ウ}}$ となり、約分して $\dfrac{\boxed{}^{カ}}{\boxed{}^{オ}}$ と求められます。

答え $\dfrac{\boxed{}^{カ}}{\boxed{}^{オ}}$

（2）
※●の中の数は、出た目の**積**を表しています。

大小2つのサイコロの目の出かたは全部で、$\boxed{}^{ウ}$ 通りです。

大\小	1	2	3	4	5	6
1				④		
2		④				
3						
4	④					
5						
6						

一方、出た目の積が4になるのは、●をつけた $\boxed{}^{キ}$ 通りです。

だから、確率は $\dfrac{\boxed{}^{キ}}{\boxed{}^{ウ}}$ となり、約分して $\dfrac{\boxed{}^{ケ}}{\boxed{}^{ク}}$ と求められます。

答え $\dfrac{\boxed{}^{ケ}}{\boxed{}^{ク}}$

なぜ、樹形図でなく、表をかいて考えるのか？

「何通りあるか」を数えるとき、ひとつ前の項目では、樹形図をかいて考えました。一方、この項目では、表をかいて考えましたね。

左ページの【例】も、樹形図を使って考えることはできます。例えば、大小２つのサイコロを投げるとき、「大のサイコロの目が１」であるときの樹形図は、右の 図1 ようになります。

このように、「大のサイコロの目が１」のときの「小のサイコロの目の出かた」は６通りあります。そ

して、大のサイコロの目が１から６の樹形図を全部かこうとすると、 図1 のような樹形図をあと５つ（大のサイコロの目が２から６の分）もかく必要があります。これには時間がかかるので、表をかいて考えたほうがすばやく、見やすい形で問題を考えられるのです。

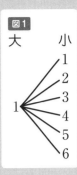

図1

▶▶▶ 解いてみる

答えは別冊18ページ

大小２つのサイコロを投げるとき、出た目の和が7以上になる確率を求めましょう。

答え ___

▶▶▶ チャレンジしてみる

答えは別冊18ページ

大小２つのサイコロを投げるとき、出た目の和が素数になる確率を求めましょう（素数については20ページを参照）。

答え ___

データの活用・確率 まとめテスト

答えは別冊19ページ

※何度も復習したい方は、直接書き込まずノートを使うとよいでしょう。

1 右の表は、25人の生徒の通学時間を、度数分布表に表して、累積度数の欄を加えたものです。この表のイ、ウ、カ、キ、コ、シ、スの□にあてはまる数を、それぞれ答えましょう。 [各4点、計28点]

通学時間（分）	度数（人）	累積度数（人）
5以上 ～ 10未満	㋐2	㋑□
10 ～ 15	㋒□	㋓7
15 ～ 20	㋔7	㋕□
20 ～ 25	㋖□	㋗20
25 ～ 30	㋘4	㋙□
30 ～ 35	㋚1	㋛□
合計	㋜□	

答え _____

2 11人の生徒が10点満点のテストを受けたとき、それぞれの得点は次のようになりました。このとき、後の問いに答えましょう。

[(1) 5点、(2) 5点×3、(3) 5点 (4) 7点、計32点]

6　3　8　10　5　2　8　4　3　8　9

(1) このデータの範囲は何点ですか。

答え _____

(2) このデータの第1四分位数、第2四分位数、第3四分位数は、それぞれ何点ですか。

答え _____

（3）このデータの四分位範囲は何点ですか。

答え _____

（4）右の図に、このデータの箱ひげ
　　 図をかきましょう。

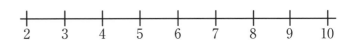

3 3枚の硬貨を投げるとき、3枚とも表になる確率を求めましょう。
[20点]

答え _____

4 大小2つのサイコロを投げるとき、出た目の和が7以下の奇数になる確
　　率を求めましょう。
[20点]

答え _____

1 おうぎ形の弧の長さと面積

おうぎ形についての用語の意味と、公式をおさえよう！

▶▶▶ 試してみる

□にあてはまる数や言葉、文字を入れましょう。

1 おうぎ形とは

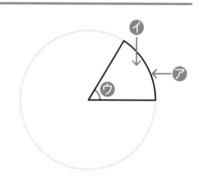

ア　□　… 円周上の一部分

イ　□　… 弧と2つの半径によって囲まれた形

ウ　□　… おうぎ形で、2つの半径のつくる角

2 おうぎ形の弧の長さと面積の求めかた

小学校で習う算数では円周率に3.14を使うことが多かったですが、中学数学では円周率を π（読みかたは**パイ**）という文字で表します。

おうぎ形の公式の覚えかた

合言葉は「$\dfrac{中心角}{360}$をかける」！

おうぎ形の弧の長さと面積は、次の公式で求めます。それぞれ、円周の長さと円の面積に「$\dfrac{中心角}{360}$をかける」を合言葉にすると、覚えやすいです。

おうぎ形の弧の長さ＝エ□ × オ□ × カ□ × $\dfrac{ク□}{キ□}$

（エ×オ＝直径、円周の長さ）

ヒント
①「円周の長さ＝直径×π＝半径×2×π」なので、ここでは、「円周の長さ＝半径×2×π」を使いましょう。
②カ（とサ）には、円周率を表す文字を入れましょう。

おうぎ形の面積＝ケ□ × コ□ × サ□ × $\dfrac{ス□}{シ□}$

（円の面積）

ココで差がつく！ポイント

中心角が180°より大きいおうぎ形の
弧の長さと面積を求めてみよう！

まず、次の【例】を見てください。

【例】 右のおうぎ形の弧の長さと
面積をそれぞれ求めましょう。

12cm　300°

解きかた

中心角が180°より大きいおうぎ形の弧の長さと面積も、左ページで紹介した公式を使って、それぞれ求められます。

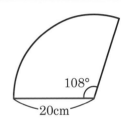

弧の長さ

半径は12cm、中心角は300°

$$半径 \times 2 \times \pi \times \frac{中心角}{360} = 12 \times 2 \times \pi \times \frac{300}{360} \quad \frac{300}{360} = \frac{5}{6}$$

$$= 12 \times \overset{2}{\underset{1}{12}} \times 2 \times \pi \times \frac{5}{\overset{}{\underset{1}{6}}} \quad 約分する$$

$$= 20\pi \,(cm) \quad 2 \times 2 \times 5 = 20$$

面積

半径は12cm、
中心角は300°

$$半径 \times 半径 \times \pi \times \frac{中心角}{360} = 12 \times 12 \times \pi \times \frac{300}{360} \quad \frac{300}{360} = \frac{5}{6}$$

$$= 12 \times \overset{2}{12} \times \pi \times \frac{5}{\underset{1}{6}} \quad 約分\\する$$

$$= 120\pi \,(cm^2) \quad 2 \times 12 \times 5 = 120$$

▶▶▶ 解いてみる

答えは別冊18ページ

右のおうぎ形について、問いに答えましょう。

（1）このおうぎ形の弧の長さは何cmですか。

108°　20cm

答え ＿＿＿＿＿＿＿＿＿

（2）このおうぎ形の面積は何cm²ですか。

答え ＿＿＿＿＿＿＿＿＿

▶▶▶ チャレンジしてみる

答えは別冊18ページ

右のおうぎ形のまわりの長さは何cmですか。

270°　4cm

答え ＿＿＿＿＿＿＿＿＿

▶▶▶ **試してみる** の答え　ア弧　イおうぎ形　ウ中心角　エ半径　オ2　カπ　キ360
ク中心角　ケ半径　コ半径　サπ　シ360　ス中心角　**123**

2 対頂角、同位角、錯角

ここが大切！ 対頂角、同位角、錯角のそれぞれの**意味**と**性質**をおさえよう！

▶▶▶ 試してみる

□にアルファベットの小文字を入れましょう。

1 対頂角とは

2つの直線が交わるときにできる向かい合った角を対頂角といいます。

そして、「**対頂角は等しい**」という性質があります。

右の図で、∠a と∠（ア）□は対頂角なので等しいです。

また、∠b と∠（イ）□も対頂角なので等しいです。

（中学数学では、角のことを∠の記号で表します。）

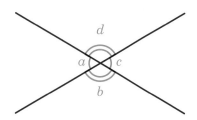

2 同位角と錯角

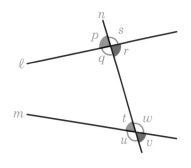

左の図のように、2つの直線 ℓ、m に、直線 n が交わっています。

このとき、∠pと∠t、∠qと∠（ウ）□、∠rと∠（エ）□、∠sと∠（オ）□ のような位置にある角を**同位角**といいます。

また、∠qと∠w、∠rと∠（カ）□ のような位置にある角を**錯角**といいます。

直線 ℓ と直線 m が平行であるとき、記号 // を使って、ℓ // m と表します。

ℓ // m であるとき、次のことが成り立ちます。

①**同位角は等しい**

②**錯角は等しい**

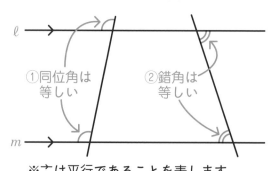

①同位角は等しい ②錯角は等しい

※➤は平行であることを表します。

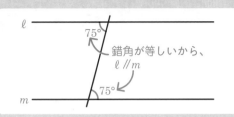

ココで差がつく！ポイント

同位角(もしくは錯角)が等しければ、
2直線は平行であることもおさえよう！

左ページでは、「ℓ∥m ならば 同位角は等しい」
ことと「ℓ∥m ならば錯角は等しい」ことを学び
ました。
一方、「ならば」の前後を入れかえた、「同位角
が等しいならば ℓ∥m」と「錯角が等しいならば
ℓ∥m」も成り立つことをおさえましょう。

例えば、次の図で、錯角が等しい（どちらも75°）
ので、ℓ∥m であることがわかります。

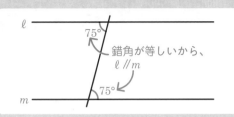

▶▶▶ 解いてみる

答えは別冊19ページ

右の図で、ℓ∥m のとき、∠a〜∠d の
大きさを求めましょう。

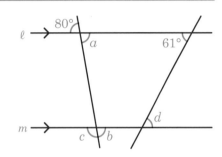

答え _____

▶▶▶ チャレンジしてみる

答えは別冊19ページ

右の図で、2直線 ℓ と m が平行であるか、
平行ではないかを答えましょう。

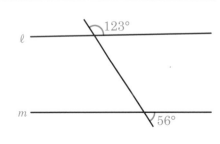

答え _____

3 多角形の内角と外角

ここが大切! 多角形の内角と外角を求める問題が出たとき、
スムーズに解くコツを知ろう!

▶▶▶ **試してみる**

□にあてはまる数を入れましょう。
同じ記号には、同じ数が入ります。

1 多角形の内角

多角形とは、**三角形、四角形、五角形、…などのように、直線で囲まれた図形**のことです。
内角とは、**多角形の内側の角**のことです。

三角形の内角の和は180°で、四角形の内角の和は360°です。
多角形の内角の和は、次の公式で求められます。

$$n \text{ 角形の内角の和} = 180° \times (n - 2)$$

内角の和は180°

内角の和は360°

[例1] 右の図形の∠x の大きさを求めましょう。

解きかた

この図形は五角形です。n 角形の内角の和＝$180° \times (n - 2)$の公式から

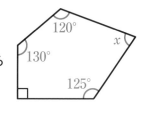

120°

130°

x

125°

五角形の内角の和＝$180° \times ($ ⑦□ $- 2) = $ ④□°

④□° から∠x 以外の4つの内角の和を引くと

$\angle x = $ ④□° $- (120° + 130° + 90° + 125°) = $ ④□° $-$ ⑦□° $= $ ㊁□°

答え ㊁□°

2 多角形の外角

多角形の1つの辺と、となりの辺の延長とがつくる角を、外角といいます。
多角形では、右のように、1つの頂点について、2つの外角があります。
なお、2つの外角は対頂角なので大きさは等しいです。
多角形の外角の和は360°であるという性質があります（ここでの外角とは、1つの頂点につき、1つの外角の和ということです。
例えば、六角形の6つの外角の和は360°です）。

外角 外角
内角

a
b
c
f
d
e

$$\underline{\angle a + \angle b + \angle c + \angle d + \angle e + \angle f = 360°}$$
（右の六角形の）外角の和

外角の大きさを求める問題を解いてみよう！

まずは、次の【例2】を
見てください。

【例2】右の図形の∠xの
大きさを求めましょう。

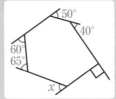

解きかた

多角形の外角の和は360°です。だから、360°から
∠x以外の5つの外角の和を引くと

$\angle x = 360° - (50° + 60° + 65° + 90° + 40°)$
$\qquad = 360° - 305° = 55°$

▶▶▶ 解いてみる

答えは別冊19ページ

右の図形の∠xと∠yの大きさを
それぞれ求めましょう。
（1）

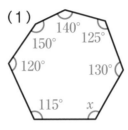

（2）

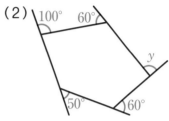

答え _____

（2）

答え _____

▶▶▶ チャレンジしてみる

答えは別冊19ページ

正十二角形の1つの内角と1つの外角はそれぞれ何度ですか。

答え _____

平面図形その1
まとめテスト

答えは別冊20ページ

合格点75点以上

1回目	月	日	点
2回目	月	日	点
3回目	月	日	点

※何度も復習したい方は、直接書き込まずノートを使うとよいでしょう。

1 右のおうぎ形について、問いに答えましょう。

[各8点、計24点]

（1）このおうぎ形の弧の長さは何cmですか。

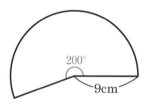

答え _____

（2）このおうぎ形のまわりの長さは何cmですか。

答え _____

（3）このおうぎ形の面積は何cm²ですか。

答え _____

2 右の図で、$\ell /\!/ m$ のとき、$\angle a \sim \angle c$ の大きさを求めましょう。

[各8点、計24点]

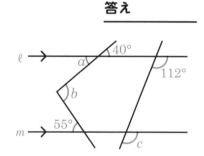

答え _____

3 右の直線ア〜オのうち、平行な直線はどれ
とどれですか。

[12点]

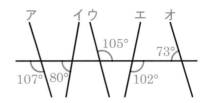

答え _____

4 右の図形の∠xと∠yの大きさ
をそれぞれ求めましょう。

[各10点、計20点]

（1）

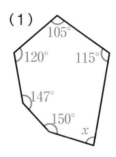

（2）

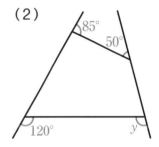

答え _____

答え _____

5 正二十角形の１つの内角と１つの外角はそれぞれ何度ですか。

[各10点、計20点]

答え _____

1 三角形の合同条件

ここが大切！ 合同な図形の対応する辺の長さや、角の大きさは等しいという性質をおさえよう！

▶▶▶ 試してみる

□にあてはまる言葉や、アルファベット（大文字）を入れましょう。同じ記号には、同じ言葉が入ります。

2つの図形を、移動させることによって重ね合わせることができるとき、それらの図形は合同であるといいます。ざっくりいうと、**形も大きさも同じ図形**が、合同な図形です。

三角形 ABC は△ABC と表します。

また、△ABC と△DEF が合同であるとき、記号≡を使って、△ABC ≡△DEF と表します。

合同な図形で、ぴったり重なり合う点、辺、角を、それぞれ対応する ^ア□ 、**対応する** ^イ□ 、**対応する** ^ウ□ **といいます。**

そして、合同な図形の対応する ^エ□ の長さや、^オ□ の大きさは等しいという性質があります。

図1

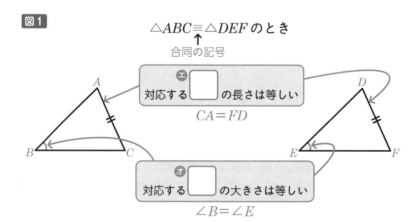

△ABC≡△DEF のとき

合同の記号

対応する ^エ□ の長さは等しい
$CA=FD$

対応する ^オ□ の大きさは等しい
$\angle B=\angle E$

図1 で、例えば、△ABC と△DEF において、$\angle A$ と$\angle$ ^カ□ 、$\angle B$ と$\angle$ ^キ□ 、$\angle C$ と$\angle$ ^ク□ はそれぞれ対応（ぴったり重なる）しています。

だから、対応する順に△ABC ≡△DEF と書く必要があります。

これを例えば、△ABC ≡△EFD のように対応順に書かなかった場合、テストなどで減点もしくは間違いとされる場合があります。辺や角の表記も、対応する順に書くようにしましょう。

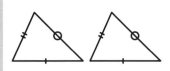

ココで差がつく！ポイント

三角形の合同条件をおさえよう！

次の**3つ**の合同条件のうちのどれかが成り立つと き、2つの三角形は合同であるといえます。次の

項目で学ぶ「合同を証明する問題」でもよく使う のでおさえておきましょう。

三角形の合同条件

①3組の辺がそれぞれ等しい。　②2組の辺とその間の角がそれ ぞれ等しい。　③1組の辺とその両端の角がそ れぞれ等しい。

間の角

両端の角

▶▶▶ 解いてみる

答えは別冊20ページ

次の図で、「3組の辺がそれぞれ等しい」条件によって、合同である三角 形の組を見つけて、記号≡を使って答えましょう。

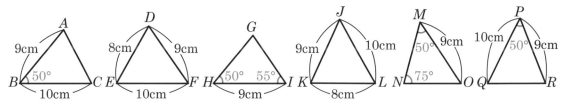

答え _____

▶▶▶ チャレンジしてみる

答えは別冊20ページ

▶▶▶ **解いてみる**の図について、次の問いに答えましょう。

（1）「2組の辺とその間の角がそれぞれ等しい」条件によって、合同である三角形の組を見 つけて、記号≡を使って答えましょう。

答え _____

（2）「1組の辺とその両端の角がそれぞれ等しい」条件によって、合同である三角形の組を 見つけて、記号≡を使って答えましょう。

答え _____

2 三角形の合同を証明する

ここが大切！ 2021年度の新学習指導要領から新たに加わった「反例」という用語の意味をおさえよう！

▶▶▶ 試してみる

□にあてはまる数や言葉を入れましょう。
同じ記号には、同じ数や言葉が入ります。

1 仮定、結論、証明とは

「○○○ならば□□□」という形で、○○○の部分を仮定、□□□の部分を結論といいます。いいかえると、問題文ですでにわかっていることが仮定で、明らかにしたいことが結論です。

そして、**仮定をもとに、すじ道をたてて結論を明らかにすること**を $\overset{ア}{\boxed{}}$ といいます。

2 反例とは（「反例」は2021年度からの新しい学習指導要領で追加された用語です。）

例えば、「x と y がどちらも整数ならば、x と y をかけた、xy は整数である」という文は、つねに正しいです。数学では、このように、**結論が例外なく正しいこと**を「成り立つ」といいます。

> x と y がどちらも整数ならば、xy は整数である
> 　　　　　　仮定　　　　　　　　　　　　結論
>
> この場合、例外なく正しい→「成り立つ」

一方、「x と y がどちらも整数ならば、$\dfrac{x}{y}$ は整数である」という文は、つねに正しいとは限りません。例えば、$x=2$、$y=3$ のとき、$\dfrac{x}{y}=\dfrac{\overset{ウ}{\boxed{}}}{\underset{イ}{\boxed{}}}$ （分数）となって、整数になりません。この場合の、「$x=2$、$y=3$」のように、**結論にあてはまらない例**のことを、反例といいます。

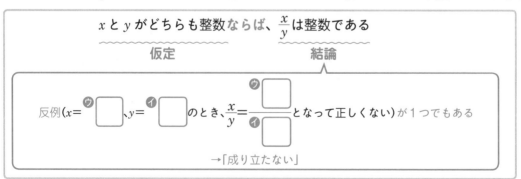

> x と y がどちらも整数ならば、$\dfrac{x}{y}$ は整数である
> 　　　　　　仮定　　　　　　　　　　　　結論
>
> 反例（$x=\overset{ウ}{\boxed{}}$、$y=\underset{イ}{\boxed{}}$ のとき、$\dfrac{x}{y}=\dfrac{\overset{ウ}{\boxed{}}}{\underset{イ}{\boxed{}}}$ となって正しくない）が1つでもある
>
> →「成り立たない」

反例を1つだけでも示すことができた場合、その文を「成り立たない」といいます。つまり、「x と y がどちらも整数ならば、$\dfrac{x}{y}$ は整数である」という文は成り立ちません。

角の表しかたをあらためて確認しよう！

シリーズの『中学校3年間の数学が1冊でしっかりわかる本』でも述べたことですが、大事なことなので、角の表しかたについて、ここでもう一度確認しておきましょう。

右の図1において、∠Oと表すと、それがアの角を表すのか、イの角を表すのか、それともアとイを合わせた角を表すのか、はっきりしません。

ですから、図1のような場合は、3つのアルファベットを使って角を表します。例えば、アの角なら∠AOB、イの角なら∠BOCのように表しましょう。

一方、次の図2の※の角を表すときは、※の角を示すことが明らかなので、∠Oと表して問題ありません（※の角を、∠AOCまたは∠COAのように表すこともあります）。

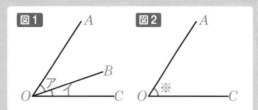

▶▶▶ 解いてみる

答えは別冊20ページ

右の図で、$OA = OC$、$\angle BAO = \angle DCO$ のとき、△$OAB \equiv$ △OCD であることを証明するために、**あ**〜**お**の□にあてはまるアルファベットや言葉や文を入れましょう。

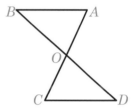

△OAB と △OCD において

仮定より $OA = $ **あ**［　　　］……①

$\angle BAO = \angle$ **い**［　　　］……②

う［　　　］は等しいから、$\angle AOB = \angle$ **え**［　　　］……③

①、②、③より **お**［　　　　　　　　　　　　　　　　　　　　　］から

△$OAB \equiv$ △OCD

▶▶▶ チャレンジしてみる

答えは別冊20ページ

▶▶▶ 解いてみるで、△$OAB \equiv$ △OCD であることが証明されました。そこから、さらに、$OB = OD$ であることを証明するために、**か**〜**く**の□にあてはまる言葉を入れましょう。

💡ヒント　下線部の文は、130ページで習った、合同な図形の性質です。

△$OAB \equiv$ △OCD より、**か**［　　　］な図形の **き**［　　　］する **く**［　　　］の長さは等しいので、

$OB = OD$

・「平行四辺形（2組の向かい合う辺がそれぞれ平行な四角形）の性質と証明問題」について学びたい方は、特典PDFをダウンロードしてください（5ページ参照）。

3 相似とは

ここが大切！ 合同な図形で使った「対応」という用語を、
相似な図形でも使うことに注意しよう！

▶▶▶ 試してみる

□にあてはまる言葉や、アルファベット（大文字）を入れましょう。
同じ記号には、同じものが入ります。

1つの図形を、一定の割合で拡大（または縮小）した図形は、もとの図形と相似であるといいます。ざっくりいうと、^ア□ は同じだが、^イ□ が違う図形が、相似な図形です。

図1で、四角形 ABCD のすべての辺の長さを2倍にしたのが、四角形 EFGH です。

図1
すべての辺の長さを2倍にする

4cm
A — 2cm — D
4cm
B — 5cm — C
3cm

E — 4cm — H
8cm
6cm
F — 10cm — G

図1で、四角形 ABCD と四角形 ^ウ□ は相似です。そして、四角形 ABCD と四角形 ^ウ□ が相似であることを、記号∽を使って

四角形 ABCD ∽ 四角形 ^ウ□ と表します。

2つの相似な図形で、一方の図形を拡大（または縮小）して、もう一方にぴったり重なる点、辺、角を、それぞれ、対応する^エ□、対応する^オ□、対応する^カ□ といいます。

図2 （各辺の長さは、**図1**と同じです）

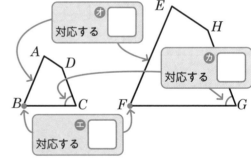

対応する^オ□
対応する^カ□
対応する^エ□

相似な図形で、対応する辺の長さの比を、相似比といいます。
図2で、例えば、辺 AB に対応するのは、辺 EF です。

四角形 ABCD と四角形 EFGH で**対応する辺の長さの比（相似比）**は、次のようにどれも 1：2 になります。

辺 AB：辺 EF＝4cm：8cm＝1：2	辺 BC：辺 ^キ□＝5cm：10cm＝1：2
辺 CD：辺 ^ク□＝3cm：6cm＝1：2	辺 DA：辺 ^ケ□＝2cm：4cm＝1：2

このように、相似な図形では、対応する辺の長さの比（相似比）はすべて等しいという性質があります。
また、相似な図形では、対応する角の大きさはそれぞれ等しいという性質もあります。

▶▶▶ 解いてみる

答えは別冊21ページ

右の図で、△ABC ∽ △DEF であるとき、次の問いに答えましょう。

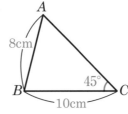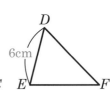

（1）△ABC と △DEF の相似比を求めましょう。

答え _____

（2）角 F の大きさを求めましょう。

答え _____

▶▶▶ チャレンジしてみる

答えは別冊21ページ

▶▶▶ 解いてみるの図で、辺 EF の長さを求めましょう。

答え _____

PART
14

平面図形その2

4 三角形の相似条件

ここが
大切！ どの三角形が相似であるか、相似条件をもとに見つける練習をしよう！

▶▶▶ 試してみる

□にあてはまるアルファベットを入れましょう。

次の3つの相似条件のうちのどれかが成り立つとき、2つの三角形は相似であるといえます。

三角形の相似条件

① 3組の辺の比がすべて等しい。

→ $a : d = b : \boxed{}^{ア} = c : \boxed{}^{イ}$

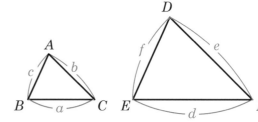

② 2組の辺の比とその間の角がそれぞれ等しい。

→ $a : d = c : \boxed{}^{ウ}$ と $\angle B = \angle \boxed{}^{エ}$

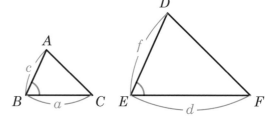

③ 2組の角がそれぞれ等しい。

→ $\angle B = \angle \boxed{}^{オ}$ と $\angle C = \angle \boxed{}^{カ}$

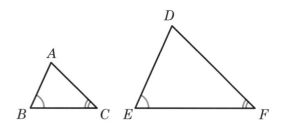

「3組の角がそれぞれ等しい」が
相似条件に入っていない理由とは？

左ページの相似条件の③は、「2組の角がそれぞ
れ等しい」です。三角形には3つの角があるのに、
なぜ3組ではないのでしょうか。三角形には3つ
の角がありますが、2つの角の大きさが決まれば、
残りの角の大きさはただ1つに決まるからです。
例えば、「80°と60°の2つの角をもつ三角形」が

あるとしましょう。三角形の内角の和は180°なの
で、残りの1つの角の大きさは、180° −（80° ＋ 60°）
＝ 40°とただ1つに決まります。
三角形の相似条件の③が「3組」ではなく、「2
組の角がそれぞれ等しい」であるのは、そのため
です。相似条件を「3組の角がそれぞれ等しい」
と書いてしまうと、減点か間違いになりますので
気をつけましょう。

▶▶▶ 解いてみる

答えは別冊21ページ

次の図で、「3組の辺の比がすべて等しい」条件によって、相似である三
角形の組を見つけましょう。

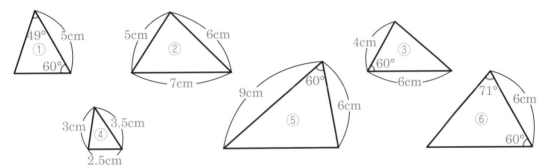

答え

▶▶▶ チャレンジしてみる

答えは別冊21ページ

▶▶▶ 解いてみるの図について、次の問いに答えましょう。

（1）「2組の辺の比とその間の角がそれぞれ等しい」条件によって、相似である三角形の組
　　を見つけましょう。

答え

（2）「2組の角がそれぞれ等しい」条件によって、相似である三角形の組を見つけましょう。

答え

5 三平方の定理

ここが大切！ 三平方の定理を使うとき、どの辺が斜辺かをしっかり見分けよう！

▶▶▶ 試してみる

□にあてはまる数を入れましょう
（□には、√をふくんだ数が入ることもあります）。

1つの角が直角である三角形を**直角三角形**といいます。
直角三角形で、直角の向かい側にある辺を**斜辺**といいます。

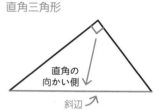

直角三角形
斜辺
直角の向かい側
直角の向かい側
斜辺

三平方の定理

直角三角形の直角をはさむ2つの辺の長さを a、b、斜辺の長さを c とします。このとき、次の関係が成り立ち、これを**三平方の定理**といいます。

$$a^2 + b^2 = c^2$$

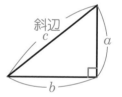
斜辺 c a b

※言葉の意味をはっきりと述べたものを**定義**といいます。また、定義をもとにして証明されたことがらを**定理**といいます。

【例】 右の図で、x の値をそれぞれ求めましょう。

（1）
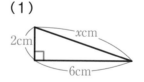
2cm $x$cm 6cm

（2）

$x$cm 8cm 10cm

解きかた

（1）$x$cm の辺が斜辺です。

三平方の定理より、$2^2 + 6^2 = x^2$

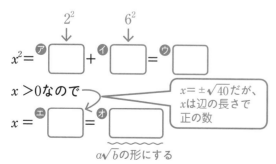

2^2 ↓　6^2 ↓

$x^2 = \boxed{ア} + \boxed{イ} = \boxed{ウ}$

$x > 0$ なので

$x = \boxed{エ} = \boxed{オ}$

$x = \pm\sqrt{40}$ だが、x は辺の長さで正の数

$a\sqrt{b}$ の形にする

（2）10cm の辺が斜辺です。

三平方の定理より、$x^2 + 8^2 = 10^2$

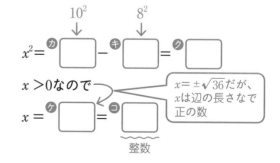

10^2 ↓　8^2 ↓

$x^2 = \boxed{カ} - \boxed{キ} = \boxed{ク}$

$x > 0$ なので

$x = \boxed{ケ} = \boxed{コ}$

$x = \pm\sqrt{36}$ だが、x は辺の長さで正の数

整数

三平方の定理と三角定規の関係とは？

三角定規は、30°、60°、90° の角をもつ直角三角
形と、45°、45°、90° の角をもつ直角二等辺三角
形の2種類があります。

これら2種類の三角定規の辺の比は、右のように
なります。

中学数学では、2種類の三角定規の3辺の比がそ
れぞれ、「$1:2:\sqrt{3}$」と「$1:1:\sqrt{2}$」であること
を暗記する必要があります。

3辺の比は $1:2:\sqrt{3}$　　3辺の比は $1:1:\sqrt{2}$

なぜなら、次の ▶▶ 解いてみる の問題のように、
辺の比を暗記しておかないと解けない問題が出題
されることがあるからです。

▶▶▶ 解いてみる

答えは別冊21ページ

次の図で、x の値をそれぞれ求めましょう

（1）

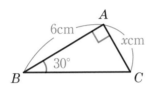

（2）

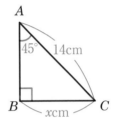

答え _____

答え _____

▶▶▶ チャレンジしてみる

答えは別冊21ページ

右のように、斜辺が13cmの直角三角形があります。
x と y はどちらも整数であり、$x < y$ であるとき、
x と y にあてはまる整数を求めましょう。

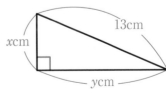

答え _____

6 円周角の定理

ここが大切！ **円周角と中心角の意味と関係をおさえよう！**

▶▶▶ 試してみる

□にあてはまる言葉を入れましょう。
同じ記号には、同じ言葉が入ります。

円周上の一部分を^ア□ といいます。図1で、円周の一部である青い部分を、^ア□ AB といい、$\overparen{AB}$ と表します。また、**円周上の2点を結ぶ線分**を^イ□ といいます。

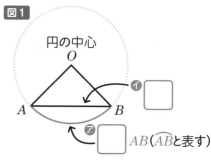

図1

円の中心 O
A B
ア AB（$\overparen{AB}$と表す）
イ □

図2のように、円周上に3点 A、B、P をとったとき、$\angle APB$ を $\overparen{AB}$ に対する^ウ□ といいます。

また、円の中心 O、点 A、点 B を結んでできる $\angle AOB$ を^エ□ といいます。

円周角には、次の2つの定理があります。

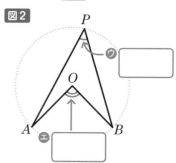

図2

P
ウ □
O
A B
エ □

円周角の定理

① 1つの弧に対する**円周角の大きさ**は**一定（同じ）**である。

[例]

$\angle x = \angle y = \angle z$
～～～～～
円周角の
大きさは
一定(同じ)

1つの弧

② 1つの弧に対する**円周角の大きさ**は、その弧に対する**中心角の半分**である。

[例]

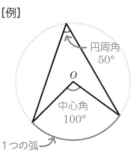

円周角
50°
O
中心角
100°

1つの弧

例えば、
中心角が 100°
のとき、
円周角は
その半分の 50°
になる。

中心角が180°より大きい場合も、
円周角の定理は成り立つ！

次の【例】を見てください。

【例】右の図で、∠x の大きさを求めましょう。ただ
し、点 O は円の中心とします。

解きかた

この【例】で、∠AOB（の大きいほう）は、$\overset{\frown}{AB}$（の
長いほう）に対する中心角で、180°より大きい 200°
です。180°より大きい場合も中心角として扱い、この
ような場合も円周角の定理は成り立ちます。

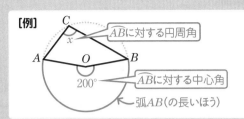
【例】
ABに対する円周角
ABに対する中心角
弧AB（の長いほう）

一方、∠ACB（∠x）は、$\overset{\frown}{AB}$（の長いほう）に対
する円周角です。1つの弧に対する円周角（∠x）
の大きさは、その弧に対する中心角（200°）の半分
なので、$\angle x = \angle AOB \div 2 = 200° \div 2 = 100°$

▶▶▶ 解いてみる

答えは別冊21ページ

右の図で、∠ア、∠イの大きさをそれぞれ求めましょう。
ただし、点 O は円の中心とします。

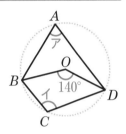

答え _____

▶▶▶ チャレンジしてみる

答えは別冊21ページ

右の図で、∠x、∠y、∠z は、どれも角の大きさが同
じです。それぞれ何度でしょうか。ただし、点 O は円
の中心とします。

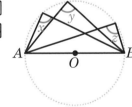

答え _____

PART
14

平面図形その2

平面図形その2 まとめテスト

答えは別冊22ページ

※何度も復習したい方は、直接書き込まずノートを使うとよいでしょう。

1 次の図で、合同な三角形の組をすべて答えましょう。また、そのときに使った合同条件をいいましょう。

[三角形の組と合同条件ともに正解で各10点、計30点]

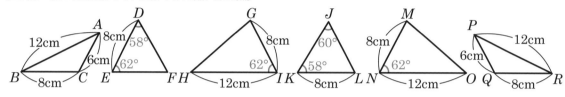

(≡   )→合同条件(   )

(≡   )→合同条件(   )

答え(≡   )→合同条件(   )

2 右の図で、$AB = DC$、$\angle ABC = \angle DCB$ のとき、$\angle BAC = \angle CDB$ であることを証明しましょう。

[すべて正解で16点]

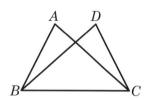

3 次の図で、相似な三角形の組をすべて答えましょう。また、そのときに使った相似条件をいいましょう。

[三角形の組と相似条件ともに正解で各10点、計30点]

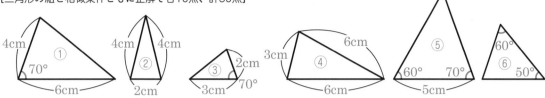

(　と　)→相似条件(　　　　　　　　　　　　　　　　　　)
(　と　)→相似条件(　　　　　　　　　　　　　　　　　　)
答え(　と　)→相似条件(　　　　　　　　　　　　　　　　　　)

---

4 右の図で、x の値を求めましょう。

[8点]

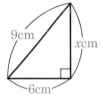

答え ＿＿＿＿＿＿＿＿＿

---

5 右の図で、∠ア、∠イの大きさをそれぞれ求めましょう。
ただし、点 O は円の中心とします。

[各8点、計16点]

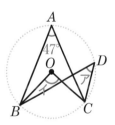

答え ＿＿＿＿＿＿＿＿＿

1 柱体の表面積

ここが大切！ 柱体についての**用語の意味**をおさえてから、
柱体の表面積の求めかたを知ろう！

▶▶▶ 試してみる

□にあてはまる言葉を入れましょう。
同じ記号には、同じ言葉が入ります。

小学校で習う算数では、角柱と円柱の体積の求めかたについて学びました。
中学数学では、角柱と円柱の表面積の求めかたについて学びます。

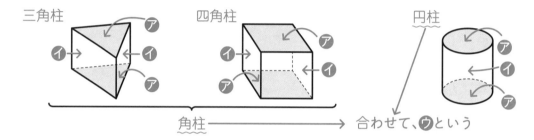

上の3つのうち、左の2つのような立体を**角柱**、一番右のような立体を**円柱**といいます。

そして、これらの立体を合わせて ^ウ□ といいます。

柱体について、次の用語の意味をおさえましょう。

^ア□ … 上下に向かい合った2つの面

^イ□ … 角柱では、まわりの長方形（または正方形）。円柱では、まわりの曲面

^エ□ … 1つの ^ア□ の面積

^オ□ … ^イ□ 全体の面積

^カ□ … 立体のすべての面の面積をたしたもの

柱体（角柱と円柱）の表面積は、どちらも次の式で求めることができます。

> 柱体の表面積＝側面積 ＋ 底面積×2

また、**立体の表面積**は、その**立体の展開図**（立体の表面を、はさみなどで切り開いて平面に広げた図）の面積と同じです。

柱体の表面積をスムーズに求める
コツとは？

まず、次の【例】を見て
ください。

【例】右の四角柱の表面
積を求めましょう。

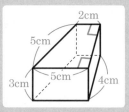

> 解きかた

図1 は、この四角柱（底面は台形）の展開図です。
この展開図の面積が、四角柱の表面積です。
まず、側面積（側面の長方形の面積）を求めましょう。
側面の長方形の横（**図1** の AB）の長さと、底面
のまわりの長さは同じです。
だから、側面積は、$3 \times (2 + 5 + 5 + 4) = 48 (\text{cm}^2)$

> 公式！ 高さ×底面のまわりの長さ＝側面積

底面積は、$(2 + 5) \times 4 \div 2 = 14 (\text{cm}^2)$
（台形）

表面積は、 $48 + 14 \times 2 = 76 (\text{cm}^2)$

> 公式！ 側面積＋底面積×2＝表面積

答え 76cm²

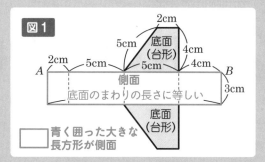

図1

底面（台形）

側面
底面のまわりの長さに等しい

底面（台形）

□ 青く囲った大きな
長方形が側面

四角柱は、6面からできているので、1面ずつ面
積を求めて、それを全部たして表面積を求める方
法もあります。ただし、その方法では時間もかか
り、ミスしやすいです。

一方、「柱体の側面積＝高さ×底面のまわりの長
さ」と「柱体の表面積＝側面積＋底面積×2」と
いう2つの公式を使えば、すばやく確実に解くこ
とができます。この2つの公式は、角柱だけでな
く、円柱の表面積を求めるときにも使えるので活
用しましょう。

▶▶▶ 解いてみる

答えは別冊22ページ

右の円柱の側面積を求めましょう。

答え _____

▶▶▶ チャレンジしてみる

答えは別冊22ページ

▶▶▶ **解いてみる** の円柱の表面積を求めましょう。

答え _____

▶▶▶ **試してみる** の答え ⑦底面 ⑦側面 ⑦柱体 ⑦底面積 ⑦側面積 ⑦表面積 **145**

2 錐体（すいたい）と球（きゅう）の体積と表面積 1

ここが大切！ 錐体の体積と表面積の求めかたを、それぞれおさえよう！

▶▶▶ 試してみる

□にあてはまる言葉を入れましょう。
同じ記号には、同じ言葉が入ります。

1 錐体の体積の求めかた

三角錐　側面→　高さ　底面（三角形）
四角錐　側面→　高さ　底面（四角形）
イ□　側面→　高さ　底面（円）
ア□ → 合わせて錐体

上の３つのうち、左の２つのような立体を ア□ 、一番右のような立体を イ□ と
いいます。そして、これらの立体を合わせて錐体（すいたい）といいます。錐体は、とんがった部分があ
るのが特徴です。

錐体（ ア□ や イ□ ）の体積は、
右の公式で求めることができます。

$$錐体の体積 = \frac{1}{3} \times 底面積 \times 高さ$$

2 錐体の表面積の求めかた

錐体（ ア□ や イ□ ）の表面積は、
右の公式で求めることができます。

$$錐体の表面積 = 側面積 + 底面積$$

円錐の表面積の求めかたを、例をあげて
解説します。
【例】 図1 の円錐の表面積を求めましょう。

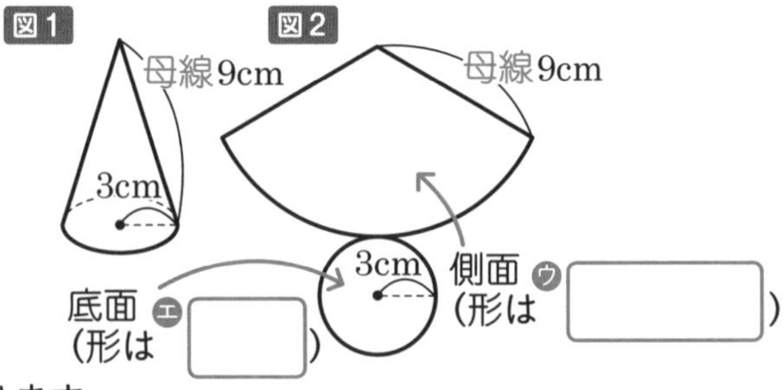

図1 母線9cm　3cm
図2 母線9cm　3cm　側面（形は ウ□ ）
底面（形は エ□ ）

図1 の円錐の9cmの部分を母線（ぼせん）といいます。
この円錐の展開図は、右上の 図2 のようになります。

図2 のように、円錐の展開図は、側面の形が ウ□ で、底面の形が エ□ です。
図1 の円錐の表面積の求めかたについて、右ページの ココで差がつく！ポイント で解説します。

円錐の側面積を求める合言葉は「ハハハンパイ」！

最終的なゴールは、左ページの **図1** の円錐の表面積を求めることですが、そのために、まず、この円錐の側面積（**図2** の展開図のおうぎ形の面積）を求めましょう。

円錐の側面積を求める合言葉は「ハハハンパイ」です。具体的には、次の公式を語呂合わせでおさえましょう。

> 円錐の側面積＝母線×半径×π
> 語呂合わせ→「ハハ　ハン パイ」

この公式から、**図1** の円錐の側面積（**図2** のおうぎ形の面積）は

$$\underset{\text{母線}}{9} \times \underset{\text{半径}}{3} \times \pi = 27\pi \,(\text{cm}^2)$$

図1 の円錐の底面の半径は3cmなので、底面積（底面の円の面積）は

$$3 \times 3 \times \pi = 9\pi \,(\text{cm}^2)$$

だから、**図1** の円錐の表面積は

$$\underset{\text{側面積＋底面積}}{27\pi \;+\; 9\pi} = 36\pi \,(\text{cm}^2)$$

▶▶▶ 解いてみる

答えは別冊22ページ

右の図は、底面が正方形で、4つの側面は合同な四角錐です。この四角錐の体積と表面積をそれぞれ求めましょう。

四角錐の高さ12cm　側面（三角形）の高さ13cm
10cm
10cm

答え

▶▶▶ チャレンジしてみる

答えは別冊22ページ

右の円錐の体積と表面積をそれぞれ求めましょう。

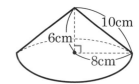

10cm
6cm
8cm

答え

▶▶▶ **試してみる** の答え　⑦角錐　⑦円錐　⑦おうぎ形　①円

3 錐体と球の体積と表面積 2

ここが大切！ 球の体積と表面積の求めかたを、それぞれおさえよう！

▶▶▶ 試してみる

□にあてはまるものを入れましょう。
同じ記号には、同じものが入ります。

3 球の体積と表面積の求めかた

右のような立体を、球といいます。

球の体積と表面積は、次の公式で求めることができます。

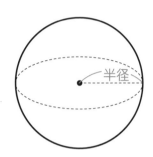

| 球の体積と表面積を求める公式 | 半径を r とすると | 球の体積 $=\dfrac{4}{3}\pi r^3$ 球の表面積 $=4\pi r^2$ |

球の体積は、「身の上に心配ある参上」の語呂合わせで、球の表面積は、「心配ある事情」の語呂合わせでそれぞれ覚えるようにしましょう。

$$球の体積=\frac{4}{3}\pi r^3$$
（身の上に心 配 ある 参上）
　　　　　 3　　 4 π r 3乗

$$球の表面積=4\pi r^2$$
（心 配 ある 事情）
　 4 π r 2乗

【例】 右の球の体積と表面積を求めましょう。

まず、体積から求めましょう。

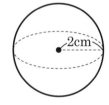

半径を r とすると、球の体積 $=\dfrac{4}{3}\pi r^3$ です。この例では、半径は2cmなので、r に2を代入すると、次のように体積が求められます。

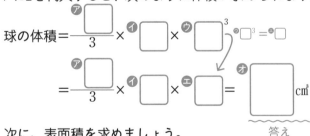

次に、表面積を求めましょう。

半径を r とすると、球の表面積 $=4\pi r^2$ です。r に2を代入すると、次のように表面積が求められます。

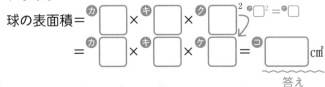

球と円柱の体積の関係とは？

右の図は、球と、その球が
ちょうど入る円柱を表した
ものです。

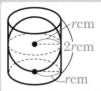

球の半径を$r$cmとすると、
円柱の底面の半径も$r$cmと
なります。また、円柱の高さは、球の直径（＝半
径×2）と等しいので、$2r$cmです。

球の体積は、公式から、$\frac{4}{3}\pi r^3$（cm³）です。

一方、円柱の体積は、次のように求められます。

$$\underset{\text{底面積}}{r \times r \times \pi} \times \underset{\text{高さ}}{2r} = 2\pi r^3 \text{（cm}^3\text{）}$$

ここで、球の体積（$\frac{4}{3}\pi r^3$）を、円柱の体積（$2\pi r^3$）

で割ると、次のようになります。

球の体積÷円柱の体積

$$= \frac{4}{3}\pi r^3 \div 2\pi r^3 \qquad \frac{4}{3}\pi r^3 = \frac{4\pi r^3}{3}, \ 2\pi r^3 = \frac{2\pi r^3}{1}$$

$$= \frac{4\pi r^3}{3} \div \frac{2\pi r^3}{1} \qquad \text{かけ算に直して約分する}$$

$$= \frac{{\overset{2}{\cancel{4\pi r^3}}}}{3} \times \frac{1}{\underset{1}{\cancel{2\pi r^3}}} = \frac{2}{3}$$

「球の体積÷円柱の体積＝$\frac{2}{3}$」という式は、「円柱
の体積×$\frac{2}{3}$＝球の体積」という式に変形できます
（例えば、「30÷5＝6」という式が、「5×6＝
30」に変形できるのと同じ考えかたです）。

つまり、「円柱の体積の$\frac{2}{3}$が、球の体積である」
という関係がみちびけます。球と、その球がちょ
うど入る円柱において、半径がどんな長さでもこ
の関係は成り立つので、おさえておきましょう。

▶▶▶ 解いてみる

答えは別冊23ページ

右の球の体積と表面積を求めましょう。

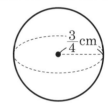

$\frac{3}{4}$ cm

答え

▶▶▶ チャレンジしてみる

答えは別冊23ページ

右の図は、球を半分にした立体です。
この立体の表面積を求めましょう。

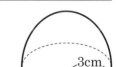

3cm

PART
15

空間図形

答え

空間図形
まとめテスト

答えは別冊23ページ

※何度も復習したい方は、直接書き込まずノートを使うとよいでしょう。

1 右の立体の表面積を求めましょう。

[各12点、計24点]

（1）三角柱　　（2）円柱

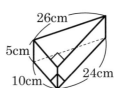

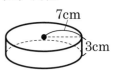

答え（1）　　　（2）

2 右の立体の体積を求めましょう。

[各12点、計24点]

（1）四角錐と立方体を組み合わせた立体　（2）円錐

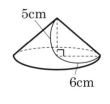

答え（1）　　　（2）

3 右の立体の表面積を求めましょう。

[各12点、計24点]

（1）底面が正方形で
4つの側面が
合同な四角錐

側面（三角形）
の高さ10cm

9cm

9cm

（2）円錐

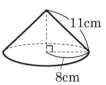

11cm

8cm

答え（1）　　　　　（2）

---

4 右の球の体積と表面積を求めましょう。

[各14点、計28点]

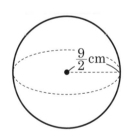

$\dfrac{9}{2}$cm

答え

※何度も復習したい方は、直接書き込まずノートを使うとよいでしょう。

1 次の計算をしましょう。

[各10点、計20点]

（1） $3+(-7)\times(-6\div2)$

（2） $\sqrt{98}-2\sqrt{27}+6\sqrt{3}-3\sqrt{8}$

2 次の計算をしましょう。

[各10点、計20点]

（1） $\dfrac{35}{18}xy\div\dfrac{14}{27}y$

（2） $(y+7)^2-(y-3)(y+3)$

3 1個80円の部品 A と1個95円の部品 B を合わせて39個買ったところ、代金の合計は3450円になりました。部品 A をいくつ買いましたか。1次方程式を使って解きましょう。

[20点]

答え _____

4 次の連立方程式を解きましょう。

[20点]

$$\begin{cases} 0.02x + 0.09y = 0.08 \\ -\dfrac{x}{5} - \dfrac{3}{4}y = -\dfrac{1}{2} \end{cases}$$

答え _____

5 右の図で、直線①と直線②の交点の座標を求めましょう。

[20点]

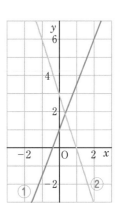

答え _____

※何度も復習したい方は、直接書き込まずノートを使うとよいでしょう。

1 $3x^2-30x+75$ を因数分解しましょう。

[10点]

2 次の方程式を解きましょう。

[各10点、計20点]

（1） $x^2+14x+48=0$

答え

（2） $5x^2-7x+1=0$

答え

3 $y=-\dfrac{3}{2}x^2$ について、次の問いに答えましょう。

[（1）はすべて正解で10点、（2）10点、計20点]

（1） 右の表を完成させましょう。

x	…	-4	-2	0	2	4	…
y	…						…

（2） x の値が-4から-2まで変化するとき、変化の割合を求めましょう。

答え

4 9人の生徒が、ある月に、図書館で借りた本の冊数は、それぞれ次のようになりました。このデータの四分位範囲は何冊ですか。

[15点]

| 10 | 7 | 5 | 8 | 11 | 7 | 10 | 5 | 7 |

答え _____

5 右の図形で、$AB = DB$、$\angle BAC = \angle BDE$ のとき、$AC = DE$ であることを証明しましょう。

[15点]

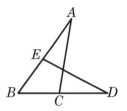

6 右の円錐について、次の問いに答えましょう。

[各10点、計20点]

（1）x にあてはまる数を求めましょう。

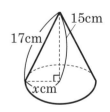

答え _____

（2）この円錐の体積を求めましょう。

答え _____

意味つき索引

著者紹介

小杉　拓也（こすぎ・たくや）

◉──東大卒プロ数学講師、志進ゼミナール塾長。東大在学時から、プロ家庭教師、SAPIXグループの個別指導塾などで指導経験を積み、常にキャンセル待ちの人気講師として活躍。

◉──現在は、自身で立ち上げた中学・高校受験の個別指導塾「志進ゼミナール」で生徒の指導を行う。毎年難関校に合格者を輩出。指導教科は小学校と中学校の全科目で、暗算法の開発や研究にも力を入れている。数学が苦手な生徒の偏差値を18上げて、難関高校（偏差値60台）に合格させるなど、成績を飛躍的に伸ばす手腕に定評がある。

◉──もともと数学が得意だったわけではなく、中学3年生のときの試験では、学年で下から3番目の成績。分厚い数学の問題集をすべて解いても成績が上がらなかったため、基本に立ち返って教科書で勉強をしたところ、テストで点数がとれるようになる。それだけではなく、ほとんど塾に通わずに現役で東大に合格するほど学力が伸びた。この経験から、「自分にとって難しすぎる問題を解いても無意味」ということを知り、苦手意識のある生徒の学力向上に活かしている。

◉──著書は、『改訂版 小学校6年間の算数が1冊でしっかりわかる本』『改訂版 小学校6年間の算数が1冊でしっかりわかる問題集』『高校の数学Ⅰ・Aが1冊でしっかりわかる本』（すべてかんき出版）、『増補改訂版 中学校3年分の数学が教えられるほどよくわかる』（ベレ出版）など多数ある。

◉──本書は、15万部のロングセラーとなった『改訂版 中学校3年間の数学が1冊でしっかりわかる本』の問題集（2021年度からの新学習指導要領に対応）で、自力で問題を解く力をつけるための練習問題を厳選し、ポイントをおさえて解説したものである。

かんき出版 学習参考書のロゴマークができました！

明日を変える。未来が変わる。

マイナス60度にもなる環境を生き抜くために、たくさんの力を蓄えているペンギン。
マナPenくんは、知識と知恵を蓄え、自らのペンの力で未来を切り拓く皆さんを応援します。

マナPenくん®

中学校3年間の数学が1冊でしっかりわかる問題集

2021年2月16日　第1刷発行
2024年9月2日　第9刷発行

著　者──小杉　拓也
発行者──齊藤　龍男
発行所──株式会社かんき出版
　　　　　東京都千代田区麴町4-1-4 西脇ビル　〒102-0083
　　　　　電話　営業部：03(3262)8011代　編集部：03(3262)8012代
　　　　　FAX　03(3234)4421　　　　　振替　00100-2-62304
　　　　　https://kanki-pub.co.jp/
印刷所──TOPPANクロレ株式会社

・カバーデザイン
Isshiki

・本文デザイン
二ノ宮 匡（ニクスインク）

・DTP
茂呂田 剛（エムアンドケイ）
畑山 栄美子（エムアンドケイ）

中学校3年間の数学が1冊でしっかりわかる問題集

東大卒プロ数学講師
小杉拓也

解答と解説

答え合わせをするときのアドバイス

① 「途中式が合っているか」を確認する

答えだけではなく、「途中式が合っているか」をできるだけチェックしましょう。

答えは合っていても、途中式が間違っていたり、もっと効率のいい方法で解けたりする場合があるので、注意が必要です。

例えば、2次方程式「$x^2+10x-7=0$」は、通常の解の公式（$x=\dfrac{-b\pm\sqrt{b^2-4ac}}{2a}$）でも解くことができます。一方、「$b$ が偶数のときの解の公式（$x=\dfrac{-b'\pm\sqrt{b'^2-ac}}{a}$）」を使えば、よりスムーズに計算できます（101ページ参照）。

また、答えの単位を適切につけられているかも、確認しましょう。学校などのテストでも、単位の正誤は採点対象にふくまれることが多いです。

例えば、「何㎤ですか」と問われている問題なら、「〜㎠」ではなく、「〜㎤」という形で答えられているか、といったことです。

② 間違えた問題を
そのままにしないようにする

数学に限りませんが、「間違えた問題をそのままにする」のは避けましょう。間違えてしまったら、まず「どうして間違えたのか」を、解説を見ながら自分が納得できるまで徹底的に考えるようにしましょう。そして、「次に解くとき、どのようにすれば正解するか」を考えましょう。

例えば、「$\dfrac{14}{3}xy\div\dfrac{28}{9}x$」という割り算をかけ算に直すときに、「$\dfrac{14}{3}xy\div\dfrac{28}{9}x=\dfrac{14}{3}xy\times\dfrac{9}{28}x$」のように、間違った式の変形をしてしまったとしましょう（正しくは、$\dfrac{14}{3}xy\div\dfrac{28}{9}x=\dfrac{14}{3}xy\times\dfrac{9}{28x}$）。$\dfrac{28}{9}x=\dfrac{28x}{9}$ なので、かけ算に直すときに「$\dfrac{14}{3}xy\times\dfrac{9}{28}x$」ではなく、「$\dfrac{14}{3}xy\times\dfrac{9}{28x}$」に変形するのが正しいのです（31ページ参照）。

この間違いを避ける方法の例として、「$\dfrac{14}{3}xy\div\dfrac{28}{9}x=\dfrac{14}{3}xy\div\dfrac{28x}{9}=\dfrac{14}{3}xy\times\dfrac{9}{28x}$」のように、間に1つ途中式（赤い字の部分）を増やすことが考えられます。

間に1つ途中式を増やすことで、同じような間違いをすることはグンと減るでしょう。

間違えた問題をそのままにするのではなく、「なぜ間違えたか」「どうすれば正解するか」を考えることで、答え合わせをしながら、数学の力を伸ばしていけるのです。

また、間違えた問題は、一定の時間が経った後、解き直すようにしましょう。さらに間違うようであれば、先ほどと同じように「どうすれば正解するのか」をしっかり考えた上で、再度解き直せばよいのです。これを繰り返すことによって、確実に正解をみちびく力が身についていきます。

解答だけでなく、途中式もすべて載せています！

問題集

別冊解答

解きかたのコツもしっかり確認しましょう。

▶▶▶ 解いてみる

次の数の絶対値を答えましょう。

(1) $+7$

数直線上で、0から$+7$までの距離は7なので、$+7$の絶対値は7です（$+7$の$+$をとりのぞいた7が絶対値です）。　　　　答え　7

(2) -23

数直線上で、0から-23までの距離は23なので、-23の絶対値は23です（-23の$-$をとりのぞいた23が絶対値です）。　　　答え　23

(3) 0

数直線上で、0から0までの距離は0なので、0の絶対値は0です。　　　答え　0

▶▶▶ チャレンジしてみる

次の問いに答えましょう。

(1) 絶対値が11である数を答えましょう。

絶対値が11である数（数直線上で、0からの距離が11の数）は、$+11$と-11の2つあります。

答え　$+11$、-11

(2) -5と-4の大小関係を、不等号を使って表しましょう。

数直線上で、-5のほうが-4の左にあります。つまり、-5のほうが-4より小さいので、$-5<-4$になります。

答え　$-5<-4$

▶▶▶ 解いてみる

次の計算をしましょう。

(1) $(-8)+(-11)$

共通の符号

$=-(8+11)=-19$

たす

(2) $(-5)+(+12)$

絶対値が大きいほうの符号

$=+(12-5)=+7$

引く

(3) $(+16)-(-4)$

たし算に直す　符号をかえる

$=(+16)+(+4)$

$=+(16+4)$

$=+20$

(4) $(-15)-(-20)$

たし算に直す　符号をかえる

$=(-15)+(+20)$

$=+(20-15)$

$=+5$

▶▶▶ チャレンジしてみる

次の□にあてはまる数を答えましょう。

(1) $(\square)+(-23)=+2$

例えば、「☆$+2=5$」という式では、「☆$=5-2=3$」と求められます。

同じように、$(+2)$から(-23)を引けば、次のように、□が求められます。

$\square=(+2)-(-23)=(+2)+(+23)=+(2+23)=+25$　　答え　$+25$

(2) $(-9)-(\square)=-19$

例えば、「$5-$☆$=3$」という式では、「☆$=5-3=2$」と求められます。

同じように、(-9)から(-19)を引けば、次のように、□が求められます。

$\square=(-9)-(-19)=(-9)+(+19)=+(19-9)=+10$　　答え　$+10$

▶▶▶ 解いてみる

次の計算をしましょう。

(1) $(+7)\times(+6)$

正　正　同じ

$=+(7\times6)$

$=+42=42$

(2) $(+9)\times(-6)$

正　負　違う

$=-(9\times6)$

$=-54$

(3) $(-18)\times(-7)$

負　負　同じ

$=+(18\times7)$

$=+126=126$

(4) $(-36)\div(+3)$

負　正　違う

$=-(36\div3)$

$=-12$

(5) $(+90)\div(+5)$

正　正　同じ

$=+(90\div5)$

$=+18=18$

(6) $(+224)\div(-16)$

正　負　違う

$=-(224\div16)$

$=-14$

▶▶▶ チャレンジしてみる

次の計算をしましょう（小数や分数も同じように計算できます）。

(1) $(+6.2)\times(-0.9)$

正　負　違う

$=-(6.2\times0.9)$

$=-5.58$

(2) $\left(-\dfrac{25}{8}\right)\times\left(-\dfrac{22}{15}\right)$

負　負　同じ

$=+\left(\dfrac{\overset{5}{\cancel{25}}}{\cancel{8}}\times\dfrac{\overset{11}{\cancel{22}}}{\cancel{15}}\right)=\dfrac{55}{12}$

※中学数学では帯分数は使わないので仮分数のまま答えにしましょう。

(3) $(-28.32)\div(-5.9)$

負　負　同じ

$=+(28.32\div5.9)$

$=4.8$

(4) $(-3.6)\div\left(+\dfrac{48}{35}\right)$

負　正　違う

$=-\left(\dfrac{36}{10}\div\dfrac{48}{35}\right)=-\left(\dfrac{\overset{3}{\cancel{36}}}{\cancel{10}}\times\dfrac{\overset{7}{\cancel{35}}}{\cancel{48}}\right)=-\dfrac{21}{8}$

※小数と分数のまじった計算は、分数にそろえて計算しましょう。

▶▶▶ 解いてみる

次の計算をしましょう。

(1) $-8÷(-4)×2=+(8÷4×2)=\underline{4}$
負の数が2個（偶数個）

(2) $7×9÷(-10)=-(7×9÷10)=\underline{-6.3}$
負の数が1個（奇数個）

(3) $-1×(-3)÷(-2)×(-6)=+(1×3÷2×6)=\underline{9}$
負の数が4個（偶数個）

▶▶▶ チャレンジしてみる

次の計算をしましょう。

(1) $-23.87÷5.5÷1.4=-(23.87÷5.5÷1.4)=\underline{-3.1}$
負の数が1個（奇数個）

(2) $-\dfrac{45}{46}×\left(-\dfrac{3}{22}\right)÷\left(-\dfrac{27}{77}\right)×2.3=-\left(\dfrac{45}{46}×\dfrac{3}{22}÷\dfrac{27}{77}×\dfrac{23}{10}\right)$
負の数が3個（奇数個）

$=-\left(\dfrac{\overset{1}{\cancel{45}}}{\cancel{46}}×\dfrac{\overset{1}{\cancel{3}}}{\cancel{22}}×\dfrac{\overset{1}{\cancel{77}}}{\cancel{27}}×\dfrac{\cancel{23}}{\cancel{10}}\right)$

$=-\dfrac{7}{8}$

(3) $-7.15×\dfrac{5}{4}×0÷\dfrac{20}{3}=\underline{0}$
0があるので答えは0になる

※0にある数をかけても、ある数に0をかけても、答えは0になります。また、0をある数で割っても、答えは0になります。（3）には「×0」がふくまれているので、答えは0になります。

▶▶▶ 解いてみる

次の□にあてはまる数を答えましょう。

(1) $-6^2=-\left(\boxed{6}×\boxed{6}\right)=\boxed{-36}$
6だけを2回かけるという意味

(2) $(-6)^2=\boxed{-6}×\boxed{-6}=\boxed{36}$
-6を2回かけるという意味

(3) $-(-6)^2=-\left\{\boxed{-6}×\boxed{-6}\right\}=\boxed{-36}$

▶▶▶ チャレンジしてみる

次の計算をしましょう。

(1) $10×(-2)^3$ $(-2)×(-2)×(-2)$
$=10×(-8)$
$=\underline{-80}$

(2) $(-4)^3÷(-8)$ $(-4)×(-4)×(-4)$
$=(-64)÷(-8)$
$=\underline{8}$

(3) $-2^4×3^2$ $2×2×2×2$ $3×3$
$=-16×9$
$=\underline{-144}$

(4) $9^3÷(-3^4)$ $9×9×9$ $3×3×3×3$
$=729÷(-81)$
$=\underline{-9}$

(5) $(-5)^2×(-1^2)÷(-5^2)$ $(-5)×(-5)$ $1×1$ $5×5$
$=25×(-1)÷(-25)$ 負の数が2個なので答えは＋
$=+(25×1÷25)$
$=\underline{1}$

※（1）～（5）のどの計算も、まず累乗を計算してから、次にかけ算と割り算をしましょう。

▶▶▶ 解いてみる

次の計算をしましょう。

(1) $-9×3+24÷(-12)$ かけ算と割り算を先に計算
$=-27+(-2)$
$=\underline{-29}$ たし算

(2) $(-10+8)×(-10)$ かっこの中を先に計算
$=-2×(-10)$
$=\underline{20}$ かけ算

(3) $-15+(-4)^2÷2$ 累乗 $(-4)×(-4)=16$
$=-15+16÷2$
$=-15+8$ 割り算
$=\underline{-7}$ たし算

▶▶▶ チャレンジしてみる

次の計算をしましょう。

ヒント （2）のように、中かっこ｛ ｝のある計算では、小かっこ（ ）の中を先に計算してから、中かっこ｛ ｝の中を計算しましょう。

(1) $-96÷(-2)^4+(-2^4×3)$ 累乗
$=-96÷16+(-16×3)$ かっこの中
$=-96÷16+(-48)$ 割り算
$=-6+(-48)$ たし算
$=\underline{-54}$

> $(-2)^4=(-2)×(-2)×(-2)×(-2)=16$
> $-2^4=-(2×2×2×2)=-16$

(2) $\{-30-(-7+3^3)\}÷(-5)^2$ 累乗
$=\{-30-(-7+27)\}÷25$ -7+27を計算
$=(-30-20)÷25$ -30-20を計算
$=-50÷25$ 割り算
$=\underline{-2}$

> $3^3=3×3×3=27$
> $(-5)^2=(-5)×(-5)=25$

▶▶▶ 解いてみる

次の数を素因数分解しましょう。

(1)
```
2)18
3) 9
   3
```
$18=\underline{2×3×3}$
$=\underline{2×3^2}$

(2)
```
2)200
2)100
2) 50
5) 25
    5
```
$200=\underline{2×2×2×5×5}$
$=\underline{2^3×5^2}$

(3)
```
2)128
2) 64
2) 32
2) 16
2)  8
2)  4
    2
```
$128=\underline{2×2×2×2×2×2×2}$
$=\underline{2^7}$

▶▶▶ チャレンジしてみる

次の数を素因数分解しましょう。

ヒント どの数で割り切れるかわからないときは、素数の小さい順に、2、3、5、7、…と割っていって、割り切れるかどうか確かめましょう。

(1)
```
7)161
   23
```
$161=\underline{7×23}$

(2)
```
2)1110
3) 555
5) 185
    37
```
$1110=\underline{2×3×5×37}$

正の数と負の数
まとめテスト

本文22〜23ページ

※何度も復習したい方は、直接書き込まずノートを使うとよいでしょう。

1 次の計算をしましょう。
[各5点、計20点]

(1) $(+2)+(-11)$
　絶対値が大きいほうの符号
$=-(11-2)=-9$
　引く

(2) $(-18)+(-29)$
　共通の符号
$=-(18+29)=-47$
　たす

(3) $(+9)-(-19)$
たし算に直す　符号をかえる
$=(+9)+(+19)$
$=+(9+19)=+28\,(28でもOK)$

(4) $(-45)-(+36)$
たし算に直す　符号をかえる
$=(-45)+(-36)$
$=-(45+36)=-81$

2 次の計算をしましょう。
[各5点、計20点]

(1) $(-8)\times(+8)$
　負　正
　違う
$=-(8\times8)=-64$

(2) $(-3.5)\times(-2.4)$
　負　負
　同じ
$=+(3.5\times2.4)=+8.4=8.4$

(3) $(+77)\div(-11)$
　正　負
　違う
$=-(77\div11)=-7$

(4) $\left(-\dfrac{39}{28}\right)\div\left(-\dfrac{26}{35}\right)$
　　　　負　負
　　　　同じ
$=+\left(\dfrac{39}{28}\div\dfrac{26}{35}\right)$
$=+\left(\dfrac{\overset{3}{\cancel{39}}}{\underset{4}{\cancel{28}}}\times\dfrac{\overset{5}{\cancel{35}}}{\underset{2}{\cancel{26}}}\right)=+\dfrac{15}{8}=\dfrac{15}{8}$

3 次の計算をしましょう。
[各5点、計15点]

(1) $-10\times(-3)\div(-5)=-(10\times3\div5)=-6$
　　　　負の数が3個（奇数個）

(2) $\dfrac{8}{3}\div\left(-\dfrac{30}{17}\right)\times\left(-\dfrac{15}{16}\right)=\left(\dfrac{8}{3}\div\dfrac{30}{17}\times\dfrac{15}{16}\right)=+\left(\dfrac{\overset{1}{\cancel{8}}}{3}\times\dfrac{17}{\underset{2}{\cancel{30}}}\times\dfrac{\overset{1}{\cancel{15}}}{\underset{2}{\cancel{16}}}\right)=\dfrac{17}{12}$
　　　負の数が2個（偶数個）

(3) $-15\div(-3.1)\div\left(-\dfrac{20}{3}\right)\div\left(-\dfrac{45}{62}\right)=+\left(\dfrac{15}{1}\div\dfrac{31}{10}\div\dfrac{20}{3}\div\dfrac{45}{62}\right)$
　　　　負の数が4個（偶数個）
$=+\left(\dfrac{\overset{1}{\cancel{15}}}{1}\times\dfrac{\overset{1}{\cancel{10}}}{\underset{1}{\cancel{31}}}\times\dfrac{\overset{1}{\cancel{3}}}{\underset{1}{\cancel{20}}}\times\dfrac{\overset{1}{\cancel{62}}}{\underset{1}{\cancel{45}}}\right)=1$

4 次の計算をしましょう。
[各5点、計15点]

(1) $(-11)^2=(-11)\times(-11)=121$
　　　　　　　　−11を2回かける

(2) $(-2)^3\times(-2^2)$
$(-2)\times(-2)\times(-2)\qquad -(2\times2)$
$=(-8)\times(-4)=32$

(3) $-6^3\div(-3)^2\div2^3\times(-5^2)=-216\div9\div8\times(-25)=+(216\div9\div8\times25)=75$
$-(6\times6\times6)\qquad(-3)\times(-3)\quad 2\times2\times2\quad -(5\times5)$
　　　　　　　　　　　　　　　　　負の数が2個なので答えは＋

5 次の計算をしましょう。
[各5点、計15点]

(1) $-8-12\div(-4)=-8+3=-5$
　　　　　先に割り算

(2) $-2\times(-7^2+9\div3)$
$=-2\times(-49+9\div3)$　累乗（かっこの中の）
$=-2\times(-49+3)$　割り算（かっこの中の）
$=-2\times(-46)$　たし算
$=92$　かけ算

(3) $(3^3-5^2\times3)\div(-7^2+51)$
累乗 $\begin{cases}3^3=3\times3\times3=27\\ -5^2=-(5\times5)=-25\\ -7^2=-(7\times7)=-49\end{cases}$
$=(27-25\times3)\div(-49+51)$
$=(27-75)\div2$　25×3と$-49+51$を計算
$=-48\div2$　かっこの中
$=-24$　割り算

6 次の数を素因数分解しましょう。
[各5点、計15点]

(1)

```
2) 72
2) 36
2) 18
3)  9
    3
```
$72=2\times2\times2\times3\times3$
$=2^3\times3^2$

(2)
```
3) 189
3)  63
3)  21
     7
```
$189=3\times3\times3\times7$
$=3^3\times7$

(3)
```
11) 473
     43
```
$473=11\times43$

文字式の表しかた
本文25ページ

▶▶▶ 解いてみる

次の式を、文字式の表しかたにしたがって表しましょう。

(1) $y\times(-3)\times z\times x=-3xyz$
「数＋文字」の順
（文字はアルファベット順）

(2) $b\times a\times1\times c=abc$ ←1を省く

(3) $a\times a\times(-1)\times a=-a^3$
aを3回かける（1を省く）

(4) $y\times x\times(-0.01)\times y=-0.01xy^2$
yを2回かける
（−0.01の1は省かない）

(5) $y\div5=\dfrac{y}{5}$（または$\dfrac{1}{5}y$）
$\triangle\div\bigcirc=\dfrac{\triangle}{\bigcirc}$を利用

(6) $-8a\div11=\dfrac{-8a}{11}$ −を分数の前に出す
$=-\dfrac{8a}{11}$（または$-\dfrac{8}{11}a$）

▶▶▶ チャレンジしてみる

次の文字式を、×の記号を用いて表しましょう。

(1) $7a^2b=7\times a\times a\times b$

(2) $-x^2y^3=-1\times x\times x\times y\times y\times y$

単項式、多項式、次数
本文27ページ

▶▶▶ 解いてみる

次の□にあてはまる文字式や数を答えましょう。同じ記号には、同じ文字式や数が入ります。

(1) 単項式$-11ab$の、係数は⑦$\boxed{-11}$、次数は⑥$\boxed{2}$です。

$\underbrace{-11}_{\text{係数は}-11}ab=\underbrace{-11\times a\times b}_{\text{文字が2つ→次数は2}}$

(2) 多項式$9x^3-2x^2$の項は、左から順に⑦$\boxed{9x^3}$、⑧$\boxed{-2x^2}$です。⑦$\boxed{9x^3}$の係数は⑰$\boxed{9}$で、⑧$\boxed{-2x^2}$の係数は⑨$\boxed{-2}$です。また、多項式$9x^3-2x^2$は、⑤$\boxed{3}$次式です。

$9x^3-2x^2=9x^3+(-2x^2)$
次数は3　次数は2
もっとも大きい→3次式

▶▶▶ チャレンジしてみる

次の多項式は何次式ですか。

$a^2bc-3a^5c^2+2a^2b^3c^2=\underbrace{a^2bc}_{\text{次数は6}}+\underbrace{(-3a^5c^2)}_{\text{次数は7}}+\underbrace{2a^2b^3c^2}_{\text{次数は7}}$
もっとも大きい→7次式

答え　7次式

PART 2 ❸ 多項式のたし算と引き算　本文29ページ

▶▶▶ 解いてみる
次の計算をしましょう。

(1) $(-2x+6y)+(4x+3y)$　かっこを外す
$= -2x+6y+4x+3y$　同類項をまとめる
$= (-2+4)x+(6+3)y$
$= \underline{2x+9y}$

(2) $(a-15b)+(-14a-2b)$　トル
　　+をとって、かっこを外す
$= a-15b-14a-2b$　$a=1a$と考える
　　同類項をまとめる
$= (1-14)a+(-15-2)b$
$= \underline{-13a-17b}$

(3) $(-x-y)-(x+y)$　かっこを外すと符号がかわる
$= -x-y-x-y$　省かれた1を書く
$= -1x-1y-1x-1y$　同類項をまとめる
$= (-1-1)x+(-1-1)y$
$= \underline{-2x-2y}$

(4) $(11a+2b)-(-3a-5b)$　かっこを外すとどちらの符号もかわる
$= 11a+2b+3a+5b$　同類項をまとめる
$= (11+3)a+(2+5)b$
$= \underline{14a+7b}$

▶▶▶ チャレンジしてみる
次の計算をしましょう。

(1) $(5x^2-x-9)+(2x^2+8x+1)$　かっこを外す
$= 5x^2-x-9+2x^2+8x+1$　同類項をまとめる
$= (5+2)x^2+(-1+8)x-9+1 = \underline{7x^2+7x-8}$

(2) $(-a^2-9a+10)-(-4a^2-18a+15)$　かっこを外すと符号がかわる
$= -a^2-9a+10+4a^2+18a-15$　同類項をまとめる
$= (-1+4)a^2+(-9+18)a+10-15 = \underline{3a^2+9a-5}$

PART 2 ❹ 単項式のかけ算と割り算　本文31ページ

▶▶▶ 解いてみる
次の計算をしましょう。

(1) $2x\times(-12)$　かけ算に分解
$= 2\times x\times(-12)$　並べかえる
$= 2\times(-12)\times x$
$= \underline{-24x}$

(2) $-\dfrac{5}{11}y\times22$　かけ算に分解
$= -\dfrac{5}{11}\times y\times22$　並べかえて約分
$= -\dfrac{5}{1}\times\overset{2}{22}\times y = \underline{-10y}$

(3) $64a\div(-8)$　割り算をかけ算に直す
$= 64a\times\left(-\dfrac{1}{8}\right)$　並べかえて約分
$= \overset{8}{64}\times\left(-\dfrac{1}{8}\right)\times a = \underline{-8a}$

(4) $-6x\div\dfrac{10}{9}$　割り算をかけ算に直す
$= -6x\times\dfrac{9}{10}$　並べかえて約分
$= \overset{3}{-6}\times\dfrac{9}{\underset{5}{10}}\times x = \underline{-\dfrac{27x}{5}}$ (または $-\dfrac{27}{5}x$)

▶▶▶ チャレンジしてみる
次の計算をしましょう。

(1) $-3a\times(-2b)^3\times(-5c)$　累乗をかけ算に直す
$= -3a\times(-2b)\times(-2b)\times(-2b)\times(-5c)$　かけ算に分解して並べかえる
$= -3\times(-2)\times(-2)\times(-2)\times(-5)\times a\times b\times b\times b\times c = \underline{-120ab^3c}$
負の数が5個(奇数個)なので、答えは負

(2) $\dfrac{26}{21}x^2y\div\dfrac{13}{14}x\div\dfrac{8}{9}y$　文字を分子に移す
$= \dfrac{26x^2y}{21}\div\dfrac{13x}{14}\div\dfrac{8y}{9}$　割り算をかけ算に直す
$= \dfrac{26x^2y}{21}\times\dfrac{14}{13x}\times\dfrac{9}{8y}$　かけ算に分解して、数どうし、文字どうしを約分
$= \dfrac{26\times x\times x\times y\times14\times9}{21\times13x\times8y} = \underline{\dfrac{3x}{2}}$ (または $\dfrac{3}{2}x$)

PART 2 ❺ 多項式と数のかけ算と割り算　本文33ページ

▶▶▶ 解いてみる
次の計算をしましょう。

(1) $-8(-9x+11y)$　-8をどちらにもかける
$= -8\times(-9x)+(-8)\times11y$
$= \underline{72x-88y}$

(2) $(10a^2-25a+15)\times\left(-\dfrac{3}{5}\right)$　$-\dfrac{3}{5}$をどれにもかける
$= 10a^2\times\left(-\dfrac{3}{5}\right)+(-25a)\times\left(-\dfrac{3}{5}\right)+15\times\left(-\dfrac{3}{5}\right)$
$= \underline{-6a^2+15a-9}$

(3) $(-16x-12)\div\dfrac{4}{3}$　割り算をかけ算に直す
$= (-16x-12)\times\dfrac{3}{4}$　分配法則を使う
$= -16x\times\dfrac{3}{4}+(-12)\times\dfrac{3}{4} = \underline{-12x-9}$

▶▶▶ チャレンジしてみる
次の計算をしましょう。

(1) $6(-2a-9b)+4(3a+5b)-3(-3a-2b)$　分配法則を使う
$= -12a-54b+12a+20b+9a+6b$　同類項をまとめる
$= \underline{9a-28b}$

(2) $\dfrac{3x-5y}{8}-\dfrac{7x-y}{6} = \dfrac{3(3x-5y)-4(7x-y)}{24}$　通分する
$= \dfrac{9x-15y-28x+4y}{24}$　分配法則を使う
$= \underline{\dfrac{-19x-11y}{24}}$　同類項をまとめる

PART 2 ❻ 代入とは（だいにゅう）

▶▶▶ 解いてみる
$x=-4$のとき、次の式の値を求めましょう。

(1) $-5-3x$　$x=-4$を代入する
$= -5-3\times(-4)$
$= -5+12$
$= \underline{7}$

(2) $45+x^3$　$x=-4$を代入する
$= 45+(-4)^3$
$= 45+(-64)$
$= \underline{-19}$

(3) $-\dfrac{40}{x^2}$　$x=-4$を代入する
$= -\dfrac{40}{(-4)^2}$
$= -\dfrac{40}{16}$　約分する
$= \underline{-\dfrac{5}{2}}$

▶▶▶ チャレンジしてみる
$a=-2$、$b=-5$のとき、次の式の値を求めましょう。

(1) $3(6a-5b)-4(2a-3b)$　分配法則を使う
$= 18a-15b-8a+12b$　同類項をまとめる
$= 10a-3b$　$a=-2$、$b=-5$を代入する
$= 10\times(-2)-3\times(-5)$
$= -20+15 = \underline{-5}$

(2) $(9a^3b-6a^2b)\div\dfrac{3}{2}a^2$　$\dfrac{3}{2}a^2=\dfrac{3a^2}{2}$
$= (9a^3b-6a^2b)\div\dfrac{3a^2}{2}$　割り算をかけ算に直す
$= (9a^3b-6a^2b)\times\dfrac{2}{3a^2}$　分配法則を使う
$= 9a^3b\times\dfrac{2}{3a^2}-6a^2b\times\dfrac{2}{3a^2}$　かけ算に分解して約分
$= \dfrac{9\times a\times a\times a\times b\times2}{3\times a\times a}-\dfrac{6\times a\times a\times b\times2}{3\times a\times a}$

$a=-2$、$b=-5$を代入する
$= 6ab-4b$
$= 6\times(-2)\times(-5)-4\times(-5)$
$= 60+20$
$= \underline{80}$

▶▶▶ 解いてみる

次の式を展開しましょう。

(1) $(2a-9b)(4c+d)$ ── $(a+b)(c+d)=ac+ad+bc+bd$ の公式を使う

$=8ac+2ad-36bc-9bd$

(2) $(x-2)(x-15)$

-2 と -15 の和は -17
-2 と -15 の積は $+30$ ── $(x+a)(x+b)=x^2+(a+b)x+ab$ の公式を使う

$=x^2-17x+30$

▶▶▶ チャレンジしてみる

次の式を展開しましょう。

(1) $(8x+y)(5x-11y)$ ── $(a+b)(c+d)=ac+ad+bc+bd$ の公式を使う

$=40x^2-88xy+5xy-11y^2$

$=40x^2-83xy-11y^2$ ── 同類項をまとめる

(2) $(a+6b)(a+3b)$

$6b$ と $3b$ の和は $+9b$
$6b$ と $3b$ の積は $+18b^2$ ── $(x+a)(x+b)=x^2+(a+b)x+ab$ の公式を使う

$=a^2+9ba+18b^2$

$=a^2+9ab+18b^2$ ── $9ba=9ab$

▶▶▶ 解いてみる

次の式を展開しましょう。

(1) $(a+7)^2$

$=a^2+2\times7\times a+7^2$
 7の2倍 7の2乗

$=a^2+14a+49$

(2) $\left(x-\dfrac{1}{4}\right)^2$

$=x^2-2\times\dfrac{1}{4}\times x+\left(\dfrac{1}{4}\right)^2$
 $\dfrac{1}{4}$の2倍 $\dfrac{1}{4}$の2乗

$=x^2-\dfrac{1}{2}x+\dfrac{1}{16}$

(3) $(y-9)(y+9)=y^2-9^2$
 yの2乗 9の2乗

$=y^2-81$

▶▶▶ チャレンジしてみる

次の式を展開しましょう。

(1) $(5x-2y)^2$

$=(5x)^2-2\times2y\times5x+(2y)^2$
 $2y$の2倍 $2y$の2乗

$=25x^2-20xy+4y^2$

(2) $\left(\dfrac{1}{2}+2x\right)\left(2x-\dfrac{1}{2}\right)$ ── $2x$と$\dfrac{1}{2}$を入れかえる

$=\left(2x+\dfrac{1}{2}\right)\left(2x-\dfrac{1}{2}\right)$

$=(2x)^2-\left(\dfrac{1}{2}\right)^2$
 $2x$の2乗 $\dfrac{1}{2}$の2乗

$=4x^2-\dfrac{1}{4}$

文字式
まとめテスト

本文40〜41ページ

※何度も復習したい方は、直接書き込まずノートを使うとよいでしょう。

1 次の式を、文字式の表しかたにしたがって表しましょう。
[各5点、計15点]

(1) $1\times y\times x\times z=xyz$ ← 1を省いて、アルファベット順

(2) $a\times b\times a\times(-0.1)=-0.1a^2b$ ← aを2回かける（-0.1の1は省かない）

(3) $5y\div(-8)=\dfrac{5y}{-8}=-\dfrac{5y}{8}$ （または $-\dfrac{5}{8}y$）
 − を分数の前に出す

2 次の計算をしましょう。
[各5点、計40点]

(1) $-6x+5+7x^2+9x-10x^2+1$ ── 同類項をまとめる
$=(7-10)x^2+(-6+9)x+5+1$
$=-3x^2+3x+6$

(2) $(-x+y)-(2x+11y)$ ── −の後のかっこ
$=-x+y-2x-11y$ ── かっこを外すと符号がかわる
$=(-1-2)x+(1-11)y$ ── 同類項をまとめる
$=-3x-10y$

(3) $-\dfrac{11}{5}\times10a$ ── かけ算に分解して約分
$=-\dfrac{11}{\cancel{5}_1}\times\cancel{10}^2\times a$
$=-22a$

(4) $3x\times(-2x)^2$ ── 累乗をかけ算に直す
$=3x\times(-2x)\times(-2x)$ ── かけ算に分解して並べかえる
$=3\times(-2)\times(-2)\times x\times x\times x$
$=12x^3$

(5) $\dfrac{14}{3}xy\div\dfrac{28}{9}x$ ── 文字を分子に移す
$=\dfrac{14xy}{3}\div\dfrac{28x}{9}$ ── 割り算をかけ算に直す
$=\dfrac{14xy}{3}\times\dfrac{9}{28x}$ ── かけ算に分解して約分
$=\dfrac{\cancel{14}\times x\times y\times\cancel{9}^3}{\cancel{3}\times\cancel{28}\times\cancel{x}}=\dfrac{3y}{2}$ （または $\dfrac{3}{2}y$）

(6) $-\dfrac{1}{4}\times(-8a^2+36a-1)$ ── 分配法則を使う
$=-\dfrac{1}{4}\times(-8a^2)+\left(-\dfrac{1}{4}\right)36a+\left(-\dfrac{1}{4}\right)\times(-1)$
$=2a^2-9a+\dfrac{1}{4}$

(7) $5(-2x-y)-3(3x+2y)$ ── 分配法則を使う／符号がかわる
$=-10x-5y-9x-6y$ ── 同類項をまとめる
$=(-10-9)x+(-5-6)y$
$=-19x-11y$

(8) $\dfrac{5a-8}{12}-\dfrac{3a-5}{8}$ ── 通分する
$=\dfrac{2(5a-8)-3(3a-5)}{24}$ ── 分配法則を使う
$=\dfrac{10a-16-9a+15}{24}$ ── 同類項をまとめる
$=\dfrac{a-1}{24}$

3 $x=-8$、$y=3$ のとき、次の式の値を求めましょう。
[(1) 7点、(2) 8点、計15点]

(1) $-2(6x+y)+4(5x-2y)=-12x-2y+20x-8y$ ── 分配法則を使う
$=8x-10y$ ── 同類項をまとめる
$=8\times(-8)-10\times3$ ── $x=-8$、$y=3$を代入
$=-64-30=-94$

(2) $(-x^2y-3xy^2)\div\dfrac{1}{5}xy=(-x^2y-3xy^2)\div\dfrac{xy}{5}$ ── 割り算をかけ算に直す
 $\dfrac{1}{5}xy=\dfrac{xy}{5}$
$=(-x^2y-3xy^2)\times\dfrac{5}{xy}$ ── 分配法則を使う
$=-x^2y\times\dfrac{5}{xy}-3xy^2\times\dfrac{5}{xy}$ ── かけ算に分解して約分
$=-\dfrac{\cancel{1}\times x\times\cancel{x}\times\cancel{y}\times5}{\cancel{1}\times\cancel{x}\times\cancel{y}\times1}-\dfrac{3\times\cancel{x}\times\cancel{y}\times y\times5}{\cancel{1}\times\cancel{x}\times\cancel{y}\times1}$
$=-5x-15y$ ── $x=-8$、$y=3$を代入
$=-5\times(-8)-15\times3=40-45=-5$

4 次の式を展開しましょう。
[各6点、計30点]

(1) $(-x+6)(4x-5)$ ── $(a+b)(c+d)=ac+ad+bc+bd$ の公式を使う
$=-4x^2+5x+24x-30$
$=-4x^2+29x-30$ ── 同類項をまとめる

(2) $(a-8)(a-3)$
$=a^2+(-8-3)a+(-8)\times(-3)$
 -8と-3の和 -8と-3の積
$=a^2-11a+24$

(3) $(x+15)^2$
$=x^2+2\times15\times x+15^2$
 15の2倍 15の2乗
$=x^2+30x+225$

(4) $(7x-3y)^2$
$=(7x)^2-2\times3y\times7x+(3y)^2$
 $3y$の2倍 $3y$の2乗
$=49x^2-42xy+9y^2$

(5) $\left(\dfrac{1}{3}x-\dfrac{1}{5}\right)\left(\dfrac{1}{3}x+\dfrac{1}{5}\right)=\left(\dfrac{1}{3}x\right)^2-\left(\dfrac{1}{5}\right)^2=\dfrac{1}{9}x^2-\dfrac{1}{25}$ （または $\dfrac{x^2}{9}-\dfrac{1}{25}$）
 $\dfrac{1}{3}x$の2乗 $\dfrac{1}{5}$の2乗

▶▶▶ 解いてみる

次の方程式を解くために、□にあてはまる数を答えましょう（それぞれの□には、違う数が入ることもあります）。

（1）$x+9=6$

等式の両辺から同じ数を引いても、等式は成り立ちます。だから、両辺から $\boxed{9}$ を引きます。

$x+9-\boxed{9}=6-\boxed{9}$

$x=\boxed{-3}$

（2）$3x=-18$

等式の両辺を同じ数で割っても、等式は成り立ちます。だから、両辺を $\boxed{3}$ で割ります。

$\dfrac{3x}{\boxed{3}}=\dfrac{-18}{\boxed{3}}$

$x=\boxed{-6}$

▶▶▶ チャレンジしてみる

次の方程式を解きましょう。

（1）$x-7=-2$

等式の両辺に同じ数をたしても、等式は成り立ちます。だから、両辺に7をたします。

$x-7+7=-2+7$

$x=5$

（2）$\dfrac{x}{5}=-4$

等式の両辺に同じ数をかけても、等式は成り立ちます。だから、両辺に5をかけます。

$\dfrac{x}{5}\times5=-4\times5$

$x=-20$

▶▶▶ 解いてみる

次の方程式を解きましょう。

（1）
$8-3(6x+1)=23$　かっこを外す
$8-18x-3=23$　左辺の数を計算（$8-3=+5$）
$-18x+5=23$
$-18x=23-5$　+5を右辺に移項
$-18x=18$　右辺を計算
$x=-1$　両辺を-18で割る

（2）
両辺に100をかける
$0.31x-0.7=0.46x+0.05$
$(0.31x-0.7)\times100=(0.46x+0.05)\times100$
$31x-70=46x+5$　かっこを外す
$31x-46x=5+70$　-70と$46x$を移項
$-15x=75$　両辺を計算
$x=-5$　両辺を-15で割る

💡ヒント
かっこをふくむ方程式は、分配法則を使って、かっこを外してから解きましょう。

💡ヒント
両辺に100をかけて、小数を整数にしてから解きましょう。

▶▶▶ チャレンジしてみる

次の方程式を解きましょう。

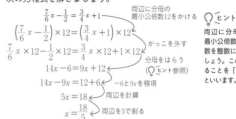

$\dfrac{7}{6}x-\dfrac{1}{2}=\dfrac{3}{4}x+1$　両辺に分母の最小公倍数12をかける

$\left(\dfrac{7}{6}x-\dfrac{1}{2}\right)\times12=\left(\dfrac{3}{4}x+1\right)\times12$　かっこを外す

$\dfrac{7}{6}x\times12-\dfrac{1}{2}\times12=\dfrac{3}{4}x\times12+1\times12$　分母をはらう（ヒント参照）

$14x-6=9x+12$

$14x-9x=12+6$　-6と$9x$を移項

$5x=18$　両辺を計算

$x=\dfrac{18}{5}$　両辺を5で割る

💡ヒント
両辺に分母（6、2、4）の最小公倍数12をかけて、分数を整数にしてから解きましょう。このように変形することを「分母をはらう」といいます。

▶▶▶ 解いてみる

1個120円のドーナツと1個150円のパンを合わせて14個買ったところ、代金の合計は1950円になりました。ドーナツとパンをそれぞれ何個買いましたか。買ったドーナツの個数を x 個として解いてみましょう。

ステップ1　買ったドーナツの個数を x 個とします。合わせて14個買ったので、パンの個数は $(14-x)$ 個と表せます。

ステップ2　（120円のドーナツ x 個の代金）+（150円のパン $(14-x)$ 個の代金）=（代金の合計）という関係を式に表せば、右のように方程式をつくれます。

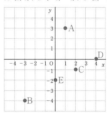

ドーナツの個数は5個と求められました。合わせて14個買ったので、パンの個数は $14-5=9$（個）

ステップ3
$120x+150(14-x)=1950$　かっこを外す
$120x+2100-150x=1950$　2100を移項
$120x-150x=1950-2100$
$-30x=-150,\ x=5$

答え　ドーナツ5個、パン9個

▶▶▶ チャレンジしてみる

上の▶▶▶解いてみるの問題で、パンの個数を x 個として解いてみましょう。

ステップ1　買ったパンの個数を x 個とします。合わせて14個買ったので、ドーナツの個数は $(14-x)$ 個と表せます。

ステップ2　（150円のパン x 個の代金）+（120円のドーナツ $(14-x)$ 個の代金）=（代金の合計）という関係を式に表せば、右のように方程式をつくれます。

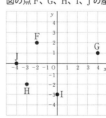

パンの個数は9個と求められました。合わせて14個買ったので、ドーナツの個数は $14-9=5$（個）

ステップ3
$150x+120(14-x)=1950$　かっこを外す
$150x+1680-120x=1950$　1680を移項
$150x-120x=1950-1680$
$30x=270,\ x=9$

答え　ドーナツ5個、パン9個

▶▶▶ 解いてみる

図に、次の点をかきこみましょう。

A $(1,3)$、B $(-3,-4)$、C $(2,-1)$、D $(4,0)$、E $(0,-2)$

点 A、B、C、D、E は、左の通りです。

▶▶▶ チャレンジしてみる

図の点 F、G、H、I、J の座標を答えましょう。

点 F は、x 座標が -2、y 座標が2なので、F $(-2,2)$

点 G は、x 座標が4、y 座標が1なので、G $(4,1)$

点 H は、x 座標が -3、y 座標が -2なので、H $(-3,-2)$

点 I は、x 座標が0、y 座標が -3なので、I $(0,-3)$

点 J は、x 座標が -4、y 座標が0なので、J $(-4,0)$

1次方程式
まとめテスト

本文48〜49ページ

※何度も復習したい方は、直接書き込まずノートを使うとよいでしょう。

1 次の方程式を解きましょう。

[各10点、計50点]

(1)
$$3x-2=16$$
$$3x=16+2 \quad \text{−2を右辺に移項}$$
$$3x=18$$
$$x=6 \quad \text{両辺を3で割る}$$

(2)
$$2x=6x-28$$
$$2x-6x=-28 \quad \text{6xを左辺に移項}$$
$$-4x=-28$$
$$x=7 \quad \text{両辺を−4で割る}$$

(3)
$$-x-81=8x$$
$$-x-8x=81 \quad \text{−81と8xを移項}$$
$$-9x=81$$
$$x=-9 \quad \text{両辺を−9で割る}$$

(4)
$$-15x+1=2x+52$$
$$-15x-2x=52-1 \quad \text{1と2xを移項}$$
$$-17x=51$$
$$x=-3 \quad \text{両辺を−17で割る}$$

(5)
$$5(-2x+4)-9=-39$$
$$-10x+20-9=-39 \quad \text{かっこを外す}$$
$$-10x+11=-39$$
$$-10x=-39-11 \quad \text{11を右辺に移項}$$
$$-10x=-50$$
$$x=5 \quad \text{両辺を−10で割る}$$

2 次の方程式を解きましょう。

[各10点、計30点]

(1)
$$-0.6x+0.74=-0.48x+0.02$$
$$(-0.6x+0.74)\times100=(-0.48x+0.02)\times100 \quad \text{両辺に100をかける}$$
$$-60x+74=-48x+2 \quad \text{かっこを外す}$$
$$-60x+48x=+2-74 \quad \text{74と−48xを移項}$$
$$-12x=-72$$
$$x=6 \quad \text{両辺を−12で割る}$$

(2)
$$\frac{3}{8}x-\frac{11}{4}=\frac{5}{6}x$$
$$\left(\frac{3}{8}x-\frac{11}{4}\right)\times24=\frac{5}{6}x\times24 \quad \text{両辺に分母(8、4、6)の最小公倍数24をかける}$$
$$\frac{3}{8}x\times24-\frac{11}{4}\times24=\frac{5}{6}x\times24 \quad \text{かっこを外す}$$
$$9x-66=20x \quad \text{分母をはらう}$$
$$9x-20x=66 \quad \text{−66と20xを移項}$$
$$-11x=66$$
$$x=-6 \quad \text{両辺を−11で割る}$$

(3)
$$\frac{x+2}{6}=\frac{5x-6}{9}$$
$$\frac{x+2}{6}\times18=\frac{5x-6}{9}\times18 \quad \text{両辺に分母(6、9)の最小公倍数18をかける}$$
$$(x+2)\times3=(5x-6)\times2 \quad \text{分母をはらう(下の※参照)}$$
$$3x+6=10x-12 \quad \text{かっこを外す}$$
$$3x-10x=-12-6 \quad \text{6と10xを移項}$$
$$-7x=-18$$
$$x=\frac{18}{7} \quad \text{両辺を−7で割る}$$

※分母をはらうときに、x+2や5x−6にかっこ（ ）をつけるのを忘れないようにしましょう。

3 1本50円のきゅうりと1個210円のレタスを合わせて19個買ったところ、代金の合計は2710円になりました。このとき、きゅうりを何本買いましたか。

[20点]

ステップ1 求めたいものを x とする

買ったきゅうりの本数を x 本とします。合わせて19個買ったので、レタスの個数は (19− x) 個と表せます。

ステップ2 方程式をつくる

$$50x + 210(19-x) = 2710$$

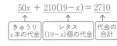

（50円のきゅうり x 本の代金）＋（210円のレタス (19− x) 個の代金）＝（代金の合計）という関係を式に表せば、右上のように方程式をつくれます。

ステップ3 方程式を解く

$$50x+210(19-x)=2710$$
$$50x+3990-210x=2710 \quad \text{かっこを外す}$$
$$3990-160x=2710$$
$$-160x=2710-3990 \quad \text{3990を右辺に移項}$$
$$-160x=-1280$$
$$x=8 \quad \text{両辺を−160で割る}$$

きゅうりの本数は8本と求められました。

答え　8本

本文53ページ

▶▶▶ 解いてみる

$y=2x$ の表で、それぞれを座標に対応させると、次のようになります。

x	…	−3	−2	−1	0	1	2	3
y	…	−6	−4	−2	0	2	4	6

座標 (−3, −6) (−2, −4) (−1, −2) (0, 0) (1, 2) (2, 4) (3, 6)

右の座標平面上にこれらの座標の点をとり、それを直線で結んでください。それによって、$y=2x$ のグラフをかくことができます。

💡ヒント 比例のグラフは、原点を通る直線になります。

▶▶▶ チャレンジしてみる

x と y について、$y=-2x$ という関係が成り立っているとき、次の問いに答えましょう。

(1) $y=-2x$ について、次の表を完成させましょう。

x	…	−3	−2	−1	0	1	2	3
y	…	6	4	2	0	−2	−4	−6

(2) (1)の表をもとに、$y=-2x$ のグラフをかきましょう。

💡ヒント 比例のグラフは、$y=ax$ の a が正の数のとき右上がり（右にいくにつれて上がる）になり、a が負の数のとき右下がり（右にいくにつれて下がる）になります。

本文55ページ

▶▶▶ 解いてみる

$y=\frac{18}{x}$ のグラフをかきましょう。

$y=\frac{18}{x}$ の表を見ながら、右の座標平面上にこれらの座標（x 座標と y 座標がともに−10以上10以下）の点をとり、それを直線ではなく、なめらかな曲線で結ぶと、$y=\frac{18}{x}$ のグラフをかくことができます。

💡ヒント 反比例のグラフは、なめらかな2つの曲線になり、これを双曲線といいます。

▶▶▶ チャレンジしてみる

$y=-\frac{18}{x}$ のグラフをかきましょう。

表がなくてもかけるよう挑戦してください（表が必要な場合は、紙などにかいてからグラフをかきましょう）。

💡ヒント

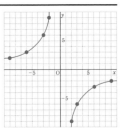

| a が正の数 (a>0) のとき | a が負の数 (a<0) のとき |

比例のグラフでは、比例定数が正のときに右上がりのグラフになり、負のときに右下がりのグラフになりました。

一方、反比例のグラフも、比例定数が正か負かによって、右上の図のようにかわるので注意しましょう。

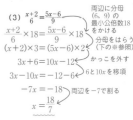
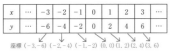

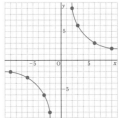
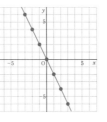
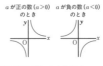

PART 4

比例と反比例
まとめテスト

本文56〜57ページ

※何度も復習したい方は、直接書き込まずにノートを使うとよいでしょう。

1 次の問いに答えましょう。

【(1) はどちらも正解で6点、(2)・(3) は各5点、計36点】

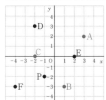

（1）点Pのx座標とy座標をそれぞれ答えましょう。

答え　x座標 … -1　　y座標 … -2

（2）左の図に、次の点をかきこみましょう。
A $(3, 2)$、B $(1, -3)$、C $(-2, 0)$
※左の図を参照してください。

（3）左の図の点D、E、Fの座標を答えましょう。
点Dは、x座標が-2、y座標が3なので、D $(-2, 3)$
点Eは、x座標が2、y座標が0なので、E $(2, 0)$
点Fは、x座標が-4、y座標が-3なので、F $(-4, -3)$

2 xとyについて、$y=-\frac{1}{2}x$という関係が成り立っているとき、次の問いに答えましょう。

【(1) 5点、(2) はすべて正解で9点、(3) 9点、(4) 9点、計32点】

（1）$y=-\frac{1}{2}x$の比例定数を答えましょう。
$y=ax$のaを比例定数というので、
$y=-\frac{1}{2}x$の比例定数は$-\frac{1}{2}$です。

答え　$-\frac{1}{2}$

（2）$y=-\frac{1}{2}x$について、次の表を完成させましょう（yの値が整数以外になるときは分数で答えてください）。

x	…	-4	-3	-2	-1	0	1	2	3	4	…
y	…	2	$\frac{3}{2}$	1	$\frac{1}{2}$	0	$-\frac{1}{2}$	-1	$-\frac{3}{2}$	-2	…

$y=-\frac{1}{2}x$のxにそれぞれの値を代入すると、左のように、yの値が求められます。

（3）$y=-\frac{1}{2}x$で、xの値が2倍、3倍、…になると、yはどうなりますか。
xとyが、$y=ax$という比例の関係で表されるとき、xの値が2倍、3倍、…になると、yも2倍、3倍、…になります。答え　2倍、3倍、…になる

（4）$y=-\frac{1}{2}x$のグラフをかきましょう。
（2）の表をもとに、座標の点をとり、それを直線で結ぶと、$y=-\frac{1}{2}x$のグラフをかくことができます。

3 xとyについて、$y=-\frac{10}{x}$という関係が成り立っているとき、次の問いに答えましょう。

【(1)・(2) はすべて正解で9点、(3) 9点、(4) 9点、計32点】

（1）$y=-\frac{10}{x}$の比例定数を答えましょう。
$y=\frac{a}{x}$のaを、比例定数というので、$y=-\frac{10}{x}$ $\left(=\frac{-10}{x}\right)$の比例定数は$-10$です。

答え　-10

（2）$y=-\frac{10}{x}$について、次の表を完成させましょう。

x	…	-10	-5	-2	-1	0	1	2	5	10	…
y	…	1	2	5	10	×	-10	-5	-2	-1	…

$y=-\frac{10}{x}$のxにそれぞれの値を代入すると、上のように、yの値が求められます。

（3）$y=-\frac{10}{x}$で、xの値が2倍、3倍、…になると、yはどうなりますか。
xとyが、$y=\frac{a}{x}$という反比例の関係で表されるとき、xの値が2倍、3倍、…になると、yは$\frac{1}{2}$倍、$\frac{1}{3}$倍、…になります。

答え　$\frac{1}{2}$倍、$\frac{1}{3}$倍、…になる

（4）$y=-\frac{10}{x}$のグラフをかきましょう。
（2）の表をもとに、座標の点をとり、それを直線ではなく、なめらかな曲線で結ぶと、$y=-\frac{10}{x}$のグラフをかくことができます。

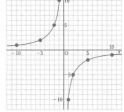

PART 5 ｜1｜ 連立方程式の解きかた①
本文59ページ

▶▶▶ 解いてみる

次の連立方程式を解きましょう。

$\begin{cases} 3x+4y=1 & \cdots\cdots❶ \\ 9x-5y=37 & \cdots\cdots❷ \end{cases}$

❶の両辺を3倍すれば、どちらの式にも$9x$ができるので、加減法で解けます。
❶の両辺を3倍すると、次のようになります。

$\begin{array}{l} ❶\quad 3x+4y=1 \\ \quad\downarrow3倍\downarrow3倍\downarrow3倍\quad(3x+4y)×3=1×3 \\ ❶×3\quad 9x+12y=3 \end{array}$

❶の両辺を3倍した式から、❷を引くと

$\begin{array}{r} ❶×3\quad 9x+12y=3 \\ ❷\quad-)\ 9x-5y=37 \\ \hline 17y=-34 \\ y=-2 \end{array}$

$y=-2$を❶の式に代入すると
$3x+4×(-2)=1$
$3x-8=1$
$3x=9$
$x=3$
$3x=1+8$

答え　$x=3$、$y=-2$

▶▶▶ チャレンジしてみる

次の連立方程式を解きましょう。

$\begin{cases} -7x-3y=-13 & \cdots\cdots❶ \\ 3x+4y=-8 & \cdots\cdots❷ \end{cases}$

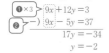
❶の両辺を4倍して、❷の両辺を3倍すれば、$-12y$と$+12y$ができるので、加減法で解けます。
❶の両辺を4倍、❷の両辺を3倍すると、次のようになります。

$\begin{array}{ll} ❶ & -7x-3y=-13 \\ & \downarrow4倍\downarrow4倍\downarrow4倍 \\ ❶×4 & -28x-12y=-52 \end{array}$ $\begin{array}{ll} ❷ & 3x+4y=-8 \\ & \downarrow3倍\downarrow3倍\downarrow3倍 \\ ❷×3 & 9x+12y=-24 \end{array}$

❶の両辺を4倍した式と、❷の両辺を3倍した式をたすと

$\begin{array}{r} ❶×4\quad -28x-12y=-52 \\ ❷×3\quad+)\ \ 9x+12y=-24 \\ \hline -19x=-76 \\ x=4 \end{array}$ 両辺を-19で割る

$x=4$を❷の式に代入すると
$3×4+4y=-8$
$12+4y=-8$
$4y=-8-12$
$4y=-20$
$y=-5$

答え　$x=4$、$y=-5$

PART 5 ｜2｜ 連立方程式の解きかた②
本文61ページ

▶▶▶ 解いてみる

次の連立方程式を解きましょう。

$\begin{cases} -2x+y=21 & \cdots\cdots❶ \\ x=-2(y-1)-5 & \cdots\cdots❷ \end{cases}$

かっこをふくんだ連立方程式は、かっこを外してから解きましょう。
❷のかっこを外すと
$x=-2y+2-5$
$x=-2y-3\ \cdots\cdots❸$
❸を❶に代入すると

$-2(-2y-3)+y=21$　かっこを外す
$4y+6+y=21$
$4y+y=21-6$
$5y=15$
$y=3$
$y=3$を❸に代入すると
$x=-2×3-3=-6-3=-9$

答え　$x=-9$、$y=3$

▶▶▶ チャレンジしてみる

次の連立方程式を解きましょう。

$\begin{cases} \frac{3}{8}x-\frac{1}{12}y=\frac{5}{6} & \cdots\cdots❶ \\ -0.5x+0.1y=-1.2 & \cdots\cdots❷ \end{cases}$

❶の両辺に、分母の最小公倍数24をかけて、分母をはらいます。

$\left(\frac{3}{8}x-\frac{1}{12}y\right)×24=\frac{5}{6}×24$　かっこを外す
$9x-2y=20\ \cdots\cdots❸$

❷の両辺を10倍すると次のようになります。
$(-0.5x+0.1y)×10=-1.2×10$　かっこを外す
$-5x+y=-12\ \cdots\cdots❹$

❹を2倍にした式と❸をたすと

$\begin{array}{r} ❹×2\quad -10x+2y=-24 \\ ❸\quad+)\ \ 9x-2y=20 \\ \hline -x=-4 \\ x=4 \end{array}$

$x=4$を❹に代入すると
$-5×4+y=-12$
$-20+y=-12$
$y=-12+20$
$y=8$

答え　$x=4$、$y=8$

9

▶▶▶ 解いてみる

A地を出発して、1530m はなれた B地に向かいます。はじめは分速90mで歩いて、途中から分速135mで走ると、全体で14分かかりました。歩いた道のりを xm、走った道のりを ym として、連立方程式をつくりましょう。

右の線分図をもとに解きます。

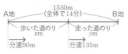

・歩いた道のり（xm）と走った道のり（ym）の合計は1530m なので
$x + y = 1530$ ……❶

・xm の道のりを分速90mで歩きました。「時間＝道のり÷速さ」なので、
歩いた時間は $x \div 90 = \dfrac{x}{90}$（分）

・一方、ym の道のりを分速135mで走りました。「時間＝道のり÷速さ」なので、走った時間は $y \div 135 = \dfrac{y}{135}$（分）

・歩いた時間と走った時間を合わせると14分になるので
$\dfrac{x}{90} + \dfrac{y}{135} = 14$ ……❷

答え $\begin{cases} x + y = 1530 \\ \dfrac{x}{90} + \dfrac{y}{135} = 14 \end{cases}$

▶▶▶ チャレンジしてみる

▶▶▶ 解いてみるでつくった連立方程式を解いて、歩いた道のりと走った道のりが、それぞれ何 m か答えましょう。

❷の両辺に、90と135の最小公倍数270をかけて、分母をはらうと
$3x + 2y = 3780$ ……❸

❸ → $3x + 2y = 3780$
❶×2 →$-)$ $2x + 2y = 3060$
　　　　$x \quad\quad = 720$

$x = 720$ を❶に代入すると
$720 + y = 1530$,　$y = 1530 - 720 = 810$

答え　歩いた道のり720m、走った道のり810m

▶▶▶ 解いてみる

$y = -\dfrac{2}{3}x + 2$ のグラフをかきましょう。

💡ヒント y が整数になるように、x に数を代入しましょう。

・$y = -\dfrac{2}{3}x + 2$ のグラフは $(0, 2)$ を通ります。

・$y = -\dfrac{2}{3}x + 2$ の x に3を代入すると、
$y = -\dfrac{2}{3} \times 3 + 2 = -2 + 2 = 0$
これにより、$y = -\dfrac{2}{3}x + 2$ のグラフは $(3, 0)$ を通ります。

・$(0, 2)$ と $(3, 0)$ を直線で結ぶと、左上のように
$y = -\dfrac{2}{3}x + 2$ のグラフをかくことができます。

▶▶▶ チャレンジしてみる

$y = \dfrac{3}{5}x + \dfrac{2}{5}$ のグラフをかきましょう。

💡ヒント ステップ1 をとばして、ステップ2 からはじめましょう。このとき、x も y も整数になるような、2つの組み合わせを見つけましょう。

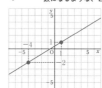

・$y = \dfrac{3}{5}x + \dfrac{2}{5}$ の x に1を代入すると、
$y = \dfrac{3}{5} \times 1 + \dfrac{2}{5} = \dfrac{3}{5} + \dfrac{2}{5} = 1$
これにより、$y = \dfrac{3}{5}x + \dfrac{2}{5}$ のグラフは $(1, 1)$ を通ります。

・$y = \dfrac{3}{5}x + \dfrac{2}{5}$ の x に-4を代入すると、
$y = \dfrac{3}{5} \times (-4) + \dfrac{2}{5} = -\dfrac{12}{5} + \dfrac{2}{5} = -\dfrac{10}{5} = -2$
これにより、$y = \dfrac{3}{5}x + \dfrac{2}{5}$ のグラフは $(-4, -2)$ を通ります。

・$(1, 1)$ と $(-4, -2)$ を直線で結ぶと、左上のように
$y = \dfrac{3}{5}x + \dfrac{2}{5}$ のグラフをかくことができます。

連立方程式
まとめテスト

本文64〜65ページ

※何度も復習したい方は、直接書き込まずノートを使うとよいでしょう。

1 次の連立方程式を解きましょう。
【各15点、計60点】

(1) $\begin{cases} 2x - y = -9 & ……❶ \\ 6x + y = -47 & ……❷ \end{cases}$

❶＋❷
❶ → $2x - y = -9$
❷ → $+)$ $6x + y = -47$
　　　$8x \quad\quad = -56$
　　　$x = -7$

$x = -7$ を❶の式に代入すると
$2 \times (-7) - y = -9$
$-14 - y = -9$
$-y = -9 + 14 = 5$
$y = -5$

答え $x = -7、y = -5$

(2) $\begin{cases} 3x - 4y = 6 & ……❶ \\ -2y - 8 = x & ……❷ \end{cases}$

❷を❶に代入すると
$3(-2y - 8) - 4y = 6$
$-6y - 24 - 4y = 6$
$-6y - 4y = 6 + 24$
$-10y = 30$
$y = -3$

❷の両辺を入れかえた式
$(x = -2y - 8)$ に $y = -3$ を代入すると
$x = -2 \times (-3) - 8 = 6 - 8 = -2$

答え $x = -2、y = -3$

(3) $\begin{cases} 4x + 11y = 1 & ……❶ \\ 6x - 5y = 23 & ……❷ \end{cases}$

❶×3
❷×2
❶×3 → $12x + 33y = 3$
❷×2 →$-)$ $12x - 10y = 46$
　　　　　$43y = -43$
　　　　　$y = -1$

$y = -1$ を❶の式に代入すると
$4x + 11 \times (-1) = 1$
$4x - 11 = 1$
$4x = 1 + 11 = 12$
$x = 3$

答え $x = 3、y = -1$

(4) $\begin{cases} 3y = -x - 9 & ……❶ \\ 5x - 3y = 27 & ……❷ \end{cases}$

❶を❷に（かっこをつけて）代入すると
$5x - (-x - 9) = 27$
$5x + x + 9 = 27$
$5x + x = 27 - 9$
$6x = 18$
$x = 3$

$x = 3$ を❶に代入すると
$3y = -3 - 9 = -12$
$y = -4$

答え $x = 3、y = -4$

2 次の連立方程式を解きましょう。
【20点】

$\begin{cases} \dfrac{x+5}{2} - \dfrac{y}{3} = 0 & ……❶ \\ 0.8x - 0.5y = -4.3 & ……❷ \end{cases}$

❶の両辺に、2と3の最小公倍数6をかけて、分母をはらいます。

$\left(\dfrac{x+5}{2} - \dfrac{y}{3}\right) \times 6 = 0 \times 6$
$\dfrac{x+5}{2} \times 6 - \dfrac{y}{3} \times 6 = 0$
$3(x + 5) - 2y = 0$
$3x + 15 - 2y = 0$
$3x - 2y = -15$ ……❸

❷の両辺を10倍すると
$8x - 5y = -43$ ……❹

❹×2−❸×5
❹×2 → $16x - 10y = -86$
❸×5 →$-)$ $15x - 10y = -75$
　　　　　$x \quad\quad = -11$

$x = -11$ を❸に代入すると
$3 \times (-11) - 2y = -15$
$-33 - 2y = -15$
$-2y = -15 + 33 = 18$
$y = -9$

答え $x = -11、y = -9$

3 ノート7冊とボールペン10本を買ったところ、代金の合計は1460円になりました。同じノート8冊とボールペン15本を買ったところ、代金の合計は1990円になりました。ノート1冊とボールペン1本の値段はそれぞれいくらですか。
【どちらも正解で20点】

ノート1冊の値段を x 円、ボールペン1本の値段を y 円とします。
ノート7冊とボールペン10本の代金の合計は1460円なので、
$7x + 10y = 1460$ ……❶
ノート8冊とボールペン15本の代金の合計は1990円なので、
$8x + 15y = 1990$ ……❷
これにより、次の連立方程式をつくれます。

$\begin{cases} 7x + 10y = 1460 & ……❶ \\ 8x + 15y = 1990 & ……❷ \end{cases}$

❶×3−❷×2
❶×3 → $21x + 30y = 4380$
❷×2 →$-)$ $16x + 30y = 3980$
　　　　　$5x \quad\quad = 400$
　　　　　$x = 80$

$x = 80$ を❶に代入すると
$7 \times 80 + 10y = 1460$
$560 + 10y = 1460$
$10y = 1460 - 560 = 900$
$y = 90$

答え　ノート80円、ボールペン90円

▶▶▶ 解いてみる

y は x の1次関数で、そのグラフは2点 $(1, 4)$、$(3, -6)$ を通ります。この1次関数の式を求めるために、▶▶▶ 解いてみるでは、3ステップのうち、ステップ2までを解きましょう（連立方程式をつくりましょう）。

ステップ1 求めたい1次関数を $y = ax + b$ とおく
a と b の値がわかれば、直線の式を求められます。

ステップ2 2点の座標をそれぞれ $y = ax + b$ に代入し、連立方程式をつくりましょう。

$(1, 4)$ を通るので、$x = 1$、$y = 4$ を、$y = ax + b$ に代入すると
$4 = a + b$
左辺と右辺を入れかえると
$a + b = 4$ ……❶
$(3, -6)$ を通るので、$x = 3$、$y = -6$ を、$y = ax + b$ に代入すると
$-6 = 3a + b$
左辺と右辺を入れかえると $3a + b = -6$ ……❷

答え $\begin{cases} a + b = 4 \\ 3a + b = -6 \end{cases}$

▶▶▶ チャレンジしてみる

ステップ3 ▶▶▶ 解いてみるでつくった連立方程式を解いて、直線の式を求めましょう。

❷−❶を計算すると

❷　$3a + b = -6$
❶ −) $a + b = 4$
　　$2a\ \ \ \ = -10$
　　　$a = -5$

$a = -5$ を❶に代入すると
$-5 + b = 4$
$b = 4 + 5$
$b = 9$
だから、直線の式は $y = -5x + 9$

答え $y = -5x + 9$

▶▶▶ 解いてみる

右の図で、直線①と直線②の式をそれぞれ求めましょう。

直線①は点 $(0, 1)$ を通るので、$y = ax + 1$ とおけます。
直線①は点 $(-1, 0)$ を通ります。
だから、$x = -1$、$y = 0$ を $y = ax + 1$ に代入すると
$0 = -a + 1$
これを解くと、$a = 1$ と求められるので、
直線①の式は $y = x + 1$

直線②は点 $(0, -4)$ を通るので、$y = ax - 4$ とおけます。
直線②は点 $(-2, 2)$ を通ります。
だから、$x = -2$、$y = 2$ を $y = ax - 4$ に代入すると $2 = -2a - 4$
これを解くと、$a = -3$ と求められるので、直線②の式は $y = -3x - 4$

答え　直線①の式 … $y = x + 1$, 直線②の式 … $y = -3x - 4$

▶▶▶ チャレンジしてみる

▶▶▶ 解いてみるの図で、直線①と直線②の交点の座標を求めましょう。

▶▶▶ 解いてみるから、次の連立方程式をつくれます。

$\begin{cases} y = x + 1 \\ y = -3x - 4 \end{cases}$

この連立方程式を解くと
$x = -\dfrac{5}{4}$、$y = -\dfrac{1}{4}$

答え $\left(-\dfrac{5}{4},\ -\dfrac{1}{4} \right)$

1次関数
まとめテスト

本文72・73ページ

※何度も復習したい方は、直接書き込まずノートを使うとよいでしょう。

1 次の1次関数のグラフをかきましょう。
[各15点、計30点]

(1) $y = x - 2$
・$y = x - 2$ のグラフは $(0, -2)$ を通ります。
・$y = x - 2$ の x に2を代入すると、
　$y = 2 - 2 = 0$
　これにより、$y = x - 2$ のグラフは
　$(2, 0)$ を通ります。
・$(0, -2)$ と $(2, 0)$ を直線で結ぶと、
　$y = x - 2$ のグラフをかくことができます。

(2) $y = -\dfrac{5}{2}x + 1$
・$y = -\dfrac{5}{2}x + 1$ のグラフは $(0, 1)$ を通ります。
・$y = -\dfrac{5}{2}x + 1$ の x に2を代入すると、$y = -\dfrac{5}{2} \times 2 + 1 = -5 + 1 = -4$
　これにより、$y = -\dfrac{5}{2}x + 1$ のグラフは $(2, -4)$ を通ります。
・$(0, 1)$ と $(2, -4)$ を直線で結ぶと、$y = -\dfrac{5}{2}x + 1$ のグラフをかくことができます。

2 グラフの傾きが $-\dfrac{1}{2}$ で、点 $(10, 6)$ を通る1次関数の式を求めましょう。
[20点]

傾きが $-\dfrac{1}{2}$ だから、この1次関数は $y = -\dfrac{1}{2}x + b$ と表せます。
この b がわかれば、この1次関数の式を求められます。
点 $(10, 6)$ を通るので、$y = -\dfrac{1}{2}x + b$ に $x = 10$、$y = 6$ を代入すると
$6 = -\dfrac{1}{2} \times 10 + b$、$6 = -5 + b$、$b = 6 + 5 = 11$
だから、この1次関数の式は、$y = -\dfrac{1}{2}x + 11$

答え $y = -\dfrac{1}{2}x + 11$

3 y は x の1次関数で、そのグラフは2点 $(-1, -1)$、$(-3, -10)$ を通ります。このとき、この1次関数の式を求めましょう。
[20点]

ステップ1 求めたい1次関数を $y = ax + b$ おく
a と b の値がわかれば、直線の式を求められます。

ステップ2 2点の座標をそれぞれ $y = ax + b$ に代入し、連立方程式をつくる
$(-1, -1)$ を通るので、$x = -1$、$y = -1$ を、$y = ax + b$ に代入すると
$-1 = -a + b$ ……❶
$(-3, -10)$ を通るので、$x = -3$、$y = -10$ を、$y = ax + b$ に代入すると
$-10 = -3a + b$ ……❷

ステップ3 連立方程式を解いて、直線の式を求める
❶と❷の連立方程式を解くと　$a = \dfrac{9}{2}$、$b = \dfrac{7}{2}$
だから、直線の式は $y = \dfrac{9}{2}x + \dfrac{7}{2}$

答え $y = \dfrac{9}{2}x + \dfrac{7}{2}$

4 右の図で、直線①と直線②の交点の座標を求めましょう。
[30点]

直線①は点 $(0, -1)$ を通るので、
$y = ax - 1$ とおけます。
直線①は点 $(-4, 2)$ を通るので、
$x = -4$、$y = 2$ を、$y = ax - 1$ に代入すると、
$2 = -4a - 1$
これを解くと、$a = -\dfrac{3}{4}$ と求められるので、直線①の式は $y = -\dfrac{3}{4}x - 1$

直線②は点 $(0, 2)$ を通るので、$y = ax + 2$ とおけます。
直線②は点 $(6, 3)$ を通るので、
$x = 6$、$y = 3$ を、$y = ax + 2$ に代入すると、$3 = 6a + 2$
これを解くと、$a = \dfrac{1}{6}$ と求められるので、直線②の式は $y = \dfrac{1}{6}x + 2$

直線①の式 $\left(y = -\dfrac{3}{4}x - 1 \right)$ と、直線②の式 $\left(y = \dfrac{1}{6}x + 2 \right)$ の連立方程式
を解くと $x = -\dfrac{36}{11}$、$y = \dfrac{16}{11}$

答え $\left(-\dfrac{36}{11},\ \dfrac{16}{11} \right)$

▶▶▶ 解いてみる

次の数の平方根を答えましょう。

(1) 36
$6^2=36$、$(-6)^2=36$だから、
36の平方根は、6と-6（または、±6）　**答え** 6と-6（または、±6）

(2) $\frac{49}{64}$
$\left(\frac{7}{8}\right)^2=\frac{49}{64}$、$\left(-\frac{7}{8}\right)^2=\frac{49}{64}$だから、
$\frac{49}{64}$の平方根は、$\frac{7}{8}$と$-\frac{7}{8}$（または、$\pm\frac{7}{8}$）　**答え** $\frac{7}{8}$と$-\frac{7}{8}$（または、$\pm\frac{7}{8}$）

(3) 0.04
$0.2^2=0.04$、$(-0.2)^2=0.04$だから、
0.04の平方根は、0.2と-0.2（または、±0.2）　**答え** 0.2と-0.2（または、±0.2）

▶▶▶ チャレンジしてみる

次の数の平方根を答えましょう。必要ならば、根号を使って表しましょう。

(1) 25
$5^2=25$、$(-5)^2=25$だから、
25の平方根は、5と-5（または、±5）　**答え** 5と-5（または、±5）

(2) 26
$(\sqrt{26})^2=26$、$(-\sqrt{26})^2=26$だから、
26の平方根は、$\sqrt{26}$と$-\sqrt{26}$（または、$\pm\sqrt{26}$）　**答え** $\sqrt{26}$と$-\sqrt{26}$（または、$\pm\sqrt{26}$）

(3) $\frac{6}{7}$
$\left(\sqrt{\frac{6}{7}}\right)^2=\frac{6}{7}$、$\left(-\sqrt{\frac{6}{7}}\right)^2=\frac{6}{7}$だから、
$\frac{6}{7}$の平方根は、$\sqrt{\frac{6}{7}}$と$-\sqrt{\frac{6}{7}}$（または、$\pm\sqrt{\frac{6}{7}}$）　**答え** $\sqrt{\frac{6}{7}}$と$-\sqrt{\frac{6}{7}}$（または、$\pm\sqrt{\frac{6}{7}}$）

▶▶▶ 解いてみる

次の数を、根号を使わずに表しましょう。

(1) $\sqrt{49}$
$\sqrt{49}$は、49の平方根の正のほうなので、$\sqrt{49}=7$　**答え** 7

(2) $-\sqrt{400}$
$-\sqrt{400}$は、400の平方根の負のほうなので、
$-\sqrt{400}=-20$　**答え** -20

(3) $(\sqrt{23})^2$
$(\sqrt{a})^2=a$の公式から、$(\sqrt{23})^2=23$　**答え** 23

▶▶▶ チャレンジしてみる

次の数を、根号を使わずに表しましょう。

(1) $(\sqrt{6.5})^2$
$(\sqrt{a})^2=a$の公式から、$(\sqrt{6.5})^2=6.5$　**答え** 6.5

(2) $-(-\sqrt{3})^2$
$(-\sqrt{a})^2=a$の公式から、$-(-\sqrt{3})^2=-3$
※$(-\sqrt{3})^2=3$なので、それに$-$をつけて-3となります。　**答え** -3

(3) $\left(-\sqrt{\frac{20}{21}}\right)^2$
$(-\sqrt{a})^2=a$の公式から、$\left(-\sqrt{\frac{20}{21}}\right)^2=\frac{20}{21}$　**答え** $\frac{20}{21}$

▶▶▶ 解いてみる

次の計算をしましょう。

(1) $\sqrt{19}\times\sqrt{2}=\sqrt{19\times2}=\sqrt{38}$　**答え** $\sqrt{38}$

(2) $-\sqrt{5}\times\sqrt{20}=-\sqrt{5\times20}=-\sqrt{100}=-10$
$100=10^2$だから整数に直す　**答え** -10

(3) $\sqrt{30}\div\sqrt{6}=\sqrt{\frac{30}{6}}=\sqrt{\frac{30}{6}}=\sqrt{5}$　**答え** $\sqrt{5}$

(4) $\sqrt{48}\div(-\sqrt{3})=-\sqrt{\frac{48}{3}}=-\sqrt{\frac{48}{3}}=-\sqrt{16}=-4$
$16=4^2$だから整数に直す　**答え** -4

▶▶▶ チャレンジしてみる

次の数を、$\sqrt{a}$の形に表しましょう。

(1) $2\sqrt{10}$
$=\sqrt{2^2\times10}$　2を2乗して$\sqrt{}$の中にいれる
$=\sqrt{40}$　$(a\sqrt{b}=\sqrt{a^2b})$　**答え** $\sqrt{40}$

(2) $\frac{\sqrt{45}}{3}$
$=\frac{\sqrt{45}}{\sqrt{9}}$　3=$\sqrt{9}$に変形
$=\sqrt{\frac{45}{9}}$　$\frac{\sqrt{a}}{\sqrt{b}}=\sqrt{\frac{a}{b}}$
$=\sqrt{\frac{45}{9}}$　約分する
$=\sqrt{5}$　**答え** $\sqrt{5}$

▶▶▶ 解いてみる

次の数を$a\sqrt{b}$の形に表しましょう。

(1) $\sqrt{27}$　27を素因数分解する
$=\sqrt{3^2\times3}$　$(27=3^3=3^2\times3)$
$=3\sqrt{3}$　3の2乗を外して$\sqrt{}$の外に出す
$(\sqrt{a^2b}=a\sqrt{b})$
答え $3\sqrt{3}$

(2) $\sqrt{80}$　80を素因数分解する
$=\sqrt{2\times2\times2\times2\times5}$
$=\sqrt{4^2\times5}$　4の2乗を外して$\sqrt{}$の外に出す
$=4\sqrt{5}$　$(\sqrt{a^2b}=a\sqrt{b})$
答え $4\sqrt{5}$

(3) $\sqrt{108}$
$=\sqrt{2\times2\times3\times3\times3}$　108を素因数分解する
$=\sqrt{2\times3\times2\times3\times3}$　並べかえる
$=\sqrt{6^2\times3}$　6の2乗を外して$\sqrt{}$の外に出す
$=6\sqrt{3}$　$(\sqrt{a^2b}=a\sqrt{b})$　**答え** $6\sqrt{3}$

▶▶▶ チャレンジしてみる

次の計算をしましょう。

(1) $\sqrt{32}\times\sqrt{20}$　かける前に32と20を素因数分解して、どちらも$a\sqrt{b}$の形にする
$=4\sqrt{2}\times2\sqrt{5}$
$=4\times2\times\sqrt{2}\times\sqrt{5}$　並べかえる
$=8\sqrt{10}$　$\sqrt{}$の外どうし、$\sqrt{}$の中どうしをかける
答え $8\sqrt{10}$

(2) $\sqrt{22}\times\sqrt{33}$　かける前に22と33を素因数分解する
$=\sqrt{2\times11}\times\sqrt{3\times11}$
$=\sqrt{2\times11\times3\times11}$
$=\sqrt{11^2\times6}$　11を$\sqrt{}$の外に出す
$=11\sqrt{6}$　$(\sqrt{a^2b}=a\sqrt{b})$　**答え** $11\sqrt{6}$

(3) $3\sqrt{10}\times2\sqrt{6}$
$=3\sqrt{2\times5}\times2\sqrt{2\times3}$　かける前に10と6を素因数分解する
$=3\times2\times\sqrt{2\times2\times3\times5}$
$=6\times\sqrt{2^2\times15}$　2を$\sqrt{}$の外に出す $(\sqrt{a^2b}=a\sqrt{b})$
$=6\times2\sqrt{15}=12\sqrt{15}$　**答え** $12\sqrt{15}$

▶▶▶ 解いてみる

次の数の分母を有理化しましょう。

(1) $\dfrac{\sqrt{17}}{\sqrt{3}}=\dfrac{\sqrt{17}\times\sqrt{3}}{\sqrt{3}\times\sqrt{3}}=\dfrac{\sqrt{51}}{3}$

分母と分子に$\sqrt{3}$をかける

答え $\dfrac{\sqrt{51}}{3}$

(2) $\dfrac{35}{4\sqrt{5}}=\dfrac{35\times\sqrt{5}}{4\sqrt{5}\times\sqrt{5}}=\dfrac{35\times\sqrt{5}}{4\times(\sqrt{5})^2}=\dfrac{7\,35\times\sqrt{5}}{4\times5\,1}=\dfrac{7\sqrt{5}}{4}$

分母と分子に$\sqrt{5}$をかける　　約分する

答え $\dfrac{7\sqrt{5}}{4}$

(3) $\dfrac{27}{\sqrt{96}}=\dfrac{27}{4\sqrt{6}}=\dfrac{27\times\sqrt{6}}{4\sqrt{6}\times\sqrt{6}}=\dfrac{27\times\sqrt{6}}{4\times(\sqrt{6})^2}=\dfrac{9\,27\times\sqrt{6}}{4\times6\,2}=\dfrac{9\sqrt{6}}{8}$

$a\sqrt{b}$の形にする　　分母と分子に$\sqrt{6}$をかける　　約分する

答え $\dfrac{9\sqrt{6}}{8}$

▶▶▶ チャレンジしてみる

次の計算をしましょう。

(1) $\sqrt{8}\div\sqrt{5}=\dfrac{\sqrt{8}}{\sqrt{5}}=\dfrac{2\sqrt{2}}{\sqrt{5}}=\dfrac{2\sqrt{2}\times\sqrt{5}}{\sqrt{5}\times\sqrt{5}}=\dfrac{2\sqrt{10}}{5}$

$a\sqrt{b}$の形にする

分母と分子に$\sqrt{5}$をかける

答え $\dfrac{2\sqrt{10}}{5}$

(2) $-3\sqrt{2}\div2\sqrt{6}$

6を2×3に素因数分解する　　　　　　2を$\sqrt{\ }$の外に出す

$=-\dfrac{3\sqrt{2}}{2\sqrt{6}}=-\dfrac{3\sqrt{2}\times\sqrt{6}}{2\sqrt{6}\times\sqrt{6}}=-\dfrac{3\sqrt{2\times2\times3}}{2\times(\sqrt{6})^2}=-\dfrac{3\sqrt{2^2\times3}}{2\times6}=-\dfrac{3\times2\times\sqrt{3}}{2\times6\,1}=-\dfrac{\sqrt{3}}{2}$

分母と分子に$\sqrt{6}$をかける　　　　　　　　約分する

答え $-\dfrac{\sqrt{3}}{2}$

▶▶▶ 解いてみる

次の計算をしましょう。

(1) $\sqrt{3}+5\sqrt{3}-2\sqrt{3}=(1+5-2)\sqrt{3}=4\sqrt{3}$

答え $4\sqrt{3}$

(2) $8\sqrt{10}+\sqrt{5}-10\sqrt{10}-6\sqrt{5}=(1-6)\sqrt{5}+(8-10)\sqrt{10}$

$=-5\sqrt{5}-2\sqrt{10}$

答え $-5\sqrt{5}-2\sqrt{10}$

(3) $2\sqrt{24}-3\sqrt{54}+\sqrt{96}=2\sqrt{2^2\times6}-3\sqrt{3^2\times6}+\sqrt{4^2\times6}$

$=2\times2\sqrt{6}-3\times3\sqrt{6}+4\sqrt{6}$

$\sqrt{a^2b}=a\sqrt{b}$を使う

$=4\sqrt{6}-9\sqrt{6}+4\sqrt{6}=-\sqrt{6}$

答え $-\sqrt{6}$

(4) $\sqrt{28}-\dfrac{28}{\sqrt{63}}=\sqrt{2^2\times7}-\dfrac{28}{\sqrt{3^2\times7}}$

$=2\sqrt{7}-\dfrac{28}{3\sqrt{7}}$

$\sqrt{a^2b}=a\sqrt{b}$を使う

$=2\sqrt{7}-\dfrac{28\times\sqrt{7}}{3\sqrt{7}\times\sqrt{7}}$

分母と分子に$\sqrt{7}$をかけて有理化する

$=2\sqrt{7}-\dfrac{4\,28\sqrt{7}}{3\times7\,1}=2\sqrt{7}-\dfrac{4\sqrt{7}}{3}=\dfrac{6\sqrt{7}}{3}-\dfrac{4\sqrt{7}}{3}=\dfrac{2\sqrt{7}}{3}$

約分する

答え $\dfrac{2\sqrt{7}}{3}$

▶▶▶ チャレンジしてみる

まずは、次の【例】を見てください。

【例】$\sqrt{5}(\sqrt{10}+\sqrt{11})=\sqrt{5\times2\times5}+\sqrt{5\times11}=\sqrt{5^2\times2}+\sqrt{55}=5\sqrt{2}+\sqrt{55}$

$\sqrt{5}$をどちらにもかける　　10を素因数分解する　　$\sqrt{a^2b}=a\sqrt{b}$を使う

このように、分配法則を使った、平方根の計算をしましょう。

(1) $\sqrt{3}(\sqrt{15}+\sqrt{7})=\sqrt{3\times3\times5}+\sqrt{3\times7}=\sqrt{3^2\times5}+\sqrt{21}=3\sqrt{5}+\sqrt{21}$

$\sqrt{3}$をどちらにもかける　　15を素因数分解する　　$\sqrt{a^2b}=a\sqrt{b}$を使う

答え $3\sqrt{5}+\sqrt{21}$

(2) $-2\sqrt{2}(3\sqrt{2}-\sqrt{24})$

$\sqrt{24}=2\sqrt{6}$

$=-2\sqrt{2}(3\sqrt{2}-2\sqrt{6})=-2\times3\times(\sqrt{2})^2+2\times2\sqrt{2\times2\times3}$

$-2\sqrt{2}$をどちらにもかける　　6を素因数分解する

$=-2\times3\times2+2\times2\times2\sqrt{3}=-12+8\sqrt{3}$

答え $-12+8\sqrt{3}$

平方根
まとめテスト

※何度も復習したい方は、直接書き込まずノートを使うとよいでしょう。

1 次の数の平方根を答えましょう。必要ならば、根号を使って表しましょう。
[各4点、計8点]

(1) 9

$3^2=9$、$(-3)^2=9$だから、9の平方根は、

3と-3（または、±3）

答え 3と-3（または、±3）

(2) 11

$(\sqrt{11})^2=11$、$(-\sqrt{11})^2=11$だから、11の平方根は、

$\sqrt{11}$と$-\sqrt{11}$（または、$\pm\sqrt{11}$）

答え $\sqrt{11}$と$-\sqrt{11}$（または、$\pm\sqrt{11}$）

2 次の数を、根号を使わずに表しましょう。
[各4点、計12点]

(1) $\sqrt{64}$

$\sqrt{64}$は、64の平方根の正のほうなので、$\sqrt{64}=8$

答え 8

(2) $-\sqrt{81}$

$-\sqrt{81}$は、81の平方根の負のほうなので、$-\sqrt{81}=-9$

答え -9

(3) $(-\sqrt{31})^2$

$(-\sqrt{a})^2=a$の公式から、$(-\sqrt{31})^2=31$

答え 31

3 次の計算をしましょう。
[各8点、計16点]

$\sqrt{45}$と$\sqrt{12}$を$a\sqrt{b}$の形にする

(1) $\sqrt{45}\times\sqrt{12}=3\sqrt{5}\times2\sqrt{3}=6\sqrt{15}$

$\sqrt{\ }$の外どうし、$\sqrt{\ }$の中どうしをかける

答え $6\sqrt{15}$

(2) $5\sqrt{22}\times2\sqrt{55}$

22と55を素因数分解する

$=5\sqrt{2\times11}\times2\sqrt{5\times11}$

$=5\times2\sqrt{2\times11\times5\times11}$

$=5\times2\sqrt{11^2\times10}$

$\sqrt{a^2b}=a\sqrt{b}$を使う

$=10\times11\sqrt{10}=110\sqrt{10}$

答え $110\sqrt{10}$

4 （1）と（2）の分母をそれぞれ有理化しましょう。（3）は、分母を有理化して答えにしましょう。
[各8点、計24点]

(1) $\dfrac{\sqrt{31}}{\sqrt{3}}=\dfrac{\sqrt{31}\times\sqrt{3}}{\sqrt{3}\times\sqrt{3}}=\dfrac{\sqrt{93}}{3}$

分母と分子に$\sqrt{3}$をかける

答え $\dfrac{\sqrt{93}}{3}$

(2) $\dfrac{15}{\sqrt{50}}=\dfrac{15}{5\sqrt{2}}=\dfrac{3\,15}{1\,5\sqrt{2}}=\dfrac{3}{\sqrt{2}}=\dfrac{3\times\sqrt{2}}{\sqrt{2}\times\sqrt{2}}=\dfrac{3\sqrt{2}}{2}$

$a\sqrt{b}$の形にする　約分する　　分母と分子に$\sqrt{2}$をかける

答え $\dfrac{3\sqrt{2}}{2}$

(3) $5\sqrt{21}\div(-2\sqrt{14})$

7を$\sqrt{\ }$の外に出す

$=-\dfrac{5\sqrt{21}}{2\sqrt{14}}=-\dfrac{5\sqrt{3\times7}\times\sqrt{14}}{2\sqrt{14}\times\sqrt{14}}=-\dfrac{5\sqrt{7^2\times3\times2}}{2\times14}=-\dfrac{5\times7\sqrt{6}}{2\times14\,2}=-\dfrac{5\sqrt{6}}{4}$

分母と分子に$\sqrt{14}$をかける　　　　　約分する

答え $-\dfrac{5\sqrt{6}}{4}$

5 次の計算をしましょう。
[各8点、計40点]

(1) $-5\sqrt{2}+2\sqrt{2}=(-5+2)\sqrt{2}=-3\sqrt{2}$

答え $-3\sqrt{2}$

(2) $2\sqrt{3}+2\sqrt{14}-5\sqrt{3}-7\sqrt{14}=(2-5)\sqrt{3}+(2-7)\sqrt{14}$

$=-3\sqrt{3}-5\sqrt{14}$

答え $-3\sqrt{3}-5\sqrt{14}$

(3) $\sqrt{80}-3\sqrt{5}+3\sqrt{20}=4\sqrt{5}-3\sqrt{5}+3\times2\sqrt{5}=4\sqrt{5}-3\sqrt{5}+6\sqrt{5}=7\sqrt{5}$

$\sqrt{a^2b}=a\sqrt{b}$を使う

答え $7\sqrt{5}$

(4) $\dfrac{12}{\sqrt{96}}+\dfrac{\sqrt{6}}{2}$

$\sqrt{96}=4\sqrt{6}$

$=\dfrac{3\,12}{1\,4\sqrt{6}}+\dfrac{\sqrt{6}}{2}$

$\dfrac{12}{4\sqrt{6}}$を約分する

$=\dfrac{3}{\sqrt{6}}+\dfrac{\sqrt{6}}{2}$

$\dfrac{3}{\sqrt{6}}$の分母と

$=\dfrac{3\times\sqrt{6}}{\sqrt{6}\times\sqrt{6}}+\dfrac{\sqrt{6}}{2}$

分子に$\sqrt{6}$をかけて

有理化する

$=\dfrac{1\,3\sqrt{6}}{2\,6}+\dfrac{\sqrt{6}}{2}=\dfrac{\sqrt{6}}{2}+\dfrac{\sqrt{6}}{2}=\sqrt{6}$

$\dfrac{3\sqrt{6}}{6}$を約分する

答え $\sqrt{6}$

(5) $-3\sqrt{10}(\sqrt{30}-2\sqrt{70})$

$30=10\times3$
$70=10\times7$

$-3\sqrt{10}$をどちらにもかける

$=-3\sqrt{10\times10\times3}+6\sqrt{10\times10\times7}$

$=-3\sqrt{10^2\times3}+6\sqrt{10^2\times7}$

10を$\sqrt{\ }$の外に出す

$=-3\times10\sqrt{3}+6\times10\sqrt{7}$

$=-30\sqrt{3}+60\sqrt{7}$

答え $-30\sqrt{3}+60\sqrt{7}$

▶▶▶ 解いてみる

次の式を因数分解しましょう。

(1) $5xy-2xz$
文字の x が共通なので、
かっこの外にくくり出しましょう。

$$5\underset{}{x}y-2\underset{}{x}z=x(5y-2z)$$

共通因数 x をかっこの外にくくり出す

(2) $3a^2+9a$
係数の3と9の最大公約数の3と、共通の文字の a を合わせた $3a$ を、かっこの外にくくり出しましょう。

$$3a^2+9a$$
$3a^2$ も $9a$ も $3a×□$ にそれぞれ変形
$$=3a×a+3a×3$$
$$=3a(a+3)$$
共通因数の $3a$ をかっこの外にくくり出す

▶▶▶ チャレンジしてみる

次の式を因数分解しましょう。

(1) $21x^2y-18xy^2+6xy$　係数の絶対値の21と18と6の最大公約数の3と、共通の文字の xy を合わせた $3xy$ を、かっこの外にくくり出しましょう。

$$21x^2y-18xy^2+6xy$$
$$=3xy×7x-3xy×6y+3xy×2$$
3つの項を $3xy×□$ にそれぞれ変形
$$=3xy(7x-6y+2)$$
共通因数の $3xy$ をかっこの外にくくり出す

(2) $27a^2bc^2+45abc^2-36ac^2$
係数の絶対値の27と45と36の最大公約数の9と、共通の文字の ac^2 を合わせた $9ac^2$ を、かっこの外にくくり出しましょう。

$$27a^2bc^2+45abc^2-36ac^2$$
3つの項を $9ac^2×□$ にそれぞれ変形
$$=9ac^2×3ab+9ac^2×5b-9ac^2×4$$
共通因数の $9ac^2$ をかっこの外にくくり出す
$$=9ac^2(3ab+5b-4)$$

▶▶▶ 解いてみる

次の式を因数分解しましょう。

(1) $x^2+12x+20$　$x^2+12x+20$ を因数分解するために「たして12、かけて20になる2つの数」を探しましょう。

「たして12、かけて20になる2つの数」を探すと、$+2$ と $+10$ が見つかります。だから、次のように因数分解できます。$x^2+12x+20=(x+2)(x+10)$

(2) a^2-a-2　a^2-a-2 を因数分解するために「たして -1、かけて -2 になる2つの数」を探しましょう。

「たして -1、かけて -2 になる2つの数」を探すと、$+1$ と -2 が見つかります。だから、次のように因数分解できます。$a^2-a-2=(a+1)(a-2)$

(3) $x^2+11x-60$　$x^2+11x-60$ を因数分解するために「たして11、かけて -60 になる2つの数」を探しましょう。

「たして11、かけて -60 になる2つの数」を探すと、$+15$ と -4 が見つかります。だから、次のように因数分解できます。$x^2+11x-60=(x+15)(x-4)$

▶▶▶ チャレンジしてみる

次の式を因数分解しましょう。

(1) $5x^2+30x+25$
共通因数の5をかっこの外にくくり出す
$$=5(x^2+6x+5)$$
$x^2+(a+b)x+ab=(x+a)(x+b)$
$$=5(x+1)(x+5)$$

(2) $-2a^2+20a-32$　共通因数の -2 をかっこの外にくくり出す
※負の数 (-2) をかっこの外にくくり出すので、かっこの中の符号（$+$ と $-$）がかわることに注意しましょう。
$$=-2(a^2-10a+16)$$
$x^2+(a+b)x+ab=(x+a)(x+b)$
$$=-2(a-2)(a-8)$$

▶▶▶ 解いてみる

次の式を因数分解しましょう。

(1) $x^2+20x+100$　$x^2+20x+100$ は、20が10の2倍、100が10の2乗です。
$$x^2+20x+100=(x+10)^2$$

(2) $y^2-18y+81$　$y^2-18y+81$ は、18が9の2倍、81が9の2乗です。
$$y^2-18y+81=(y-9)^2$$

(3) a^2-1　a^2-1 は、a^2 が a の2乗、1が1の2乗です。
$$a^2-1=a^2-1^2=(a+1)(a-1)$$

(4) $81x^2-121y^2$　$81x^2-121y^2$ は、$81x^2$ が $9x$ の2乗、$121y^2$ が $11y$ の2乗です。
$$81x^2-121y^2=(9x)^2-(11y)^2=(9x+11y)(9x-11y)$$

▶▶▶ チャレンジしてみる

次の式を因数分解しましょう。

(1) $5a^2-20a+20$
共通因数の5をかっこの外にくくり出す
$$=5(a^2-4a+4)$$
$x^2-2ax+a^2=(x-a)^2$
$$=5(a-2)^2$$

(2) $2x^2-800y^2$
共通因数の2をかっこの外にくくり出す
$$=2(x^2-400y^2)$$
$x^2-a^2=(x+a)(x-a)$
$$=2(x+20y)(x-20y)$$

▶▶▶ 解いてみる

次の方程式を解きましょう。

(1) $x^2=900$　$x^2=900$ から、x は900の平方根であることがわかります。だから、$x=\pm30$　答え $x=\pm30$

(2) $3x^2-60=0$
$$3x^2=60$$ -60 を右辺に移項
$$x^2=20$$ 両辺を3で割る
$$x=\pm\sqrt{20}$$ x は20の平方根
$$x=\pm2\sqrt{5}$$ $a\sqrt{b}$ の形にする
答え $x=\pm2\sqrt{5}$

(3) $64x^2-27=0$
$$64x^2=27$$ -27 を右辺に移項
$$x^2=\frac{27}{64}$$ 両辺を64で割る
$$x=\pm\sqrt{\frac{27}{64}}$$ x は $\frac{27}{64}$ の平方根
$$x=\pm\frac{3\sqrt{3}}{8}$$ $\pm\sqrt{\frac{27}{64}}=\pm\frac{\sqrt{27}}{\sqrt{64}}$
答え $x=\pm\frac{3\sqrt{3}}{8}$

▶▶▶ チャレンジしてみる

次の方程式を解きましょう。

(1) $(x-9)^2-25=0$　-25 を右辺に移項すると $(x-9)^2=25$
$x-9$ は25の平方根なので $x-9=\pm5$
これは、$x-9$ が $+5$ または -5 であることを表しています。
$x-9=5$ のとき、$x=5+9=14$
$x-9=-5$ のとき、$x=-5+9=4$　答え $x=4$、$x=14$

(2) $(x+6)^2-60=0$　-60 を右辺に移項すると $(x+6)^2=60$
$x+6$ は60の平方根なので
$x+6=\pm\sqrt{60}$　$a\sqrt{b}$ の形にする
$x+6=\pm2\sqrt{15}$
$+6$ を右辺に移項
$x=-6\pm2\sqrt{15}$　答え $x=-6\pm2\sqrt{15}$

因数分解
まとめテスト

本文94〜95ページ

※何度も復習したい方は、直接書き込まずノートを使うとよいでしょう。

1 次の式を因数分解しましょう。
[各6点、計24点]

(1) $ab-ac$　文字の a が共通なので、かっこの外にくくり出しましょう。

$$ab-ac=a\,(b-c)$$
共通因数　　　　a をかっこの外にくくり出す

(2) $8xy+4yz$
係数の8と4の最大公約数の4と、共通の文字の y を合わせた $4y$ を、かっこの外にくくり出しましょう。

$$8xy+4yz=4y\times\square\,\text{にそれぞれ変形}$$
$$=4y\times 2x+4y\times z$$
$$=4y\,(2x+z)$$
共通因数の $4y$ をかっこの外にくくり出す

(3) $10a^2b-5b$
係数の絶対値の10と5の最大公約数の5と、共通の文字の b を合わせた $5b$ を、かっこの外にくくり出しましょう。

$$10a^2b\,\text{と}\,5b\,\text{を}\,5b\times\square\,\text{にそれぞれ変形}$$
$$=5b\times 2a^2-5b\times 1$$
$$=5b\,(2a^2-1)$$
共通因数の $5b$ をかっこの外にくくり出す

(4) $9a^2b^2+15ab^2$
係数の9と15の最大公約数の3と、共通の文字の ab^2 を合わせた $3ab^2$ を、かっこの外にくくり出しましょう。

$$9a^2b^2\,\text{と}\,15ab^2\,\text{を}\,3ab^2\times\square\,\text{にそれぞれ変形}$$
$$=3ab^2\times 3a+3ab^2\times 5$$
$$=3ab^2\,(3a+5)$$
共通因数の $3ab^2$ をかっこの外にくくり出す

2 次の式を因数分解しましょう。
[各6点、計18点]

(1) x^2+3x+2　x^2+3x+2 を因数分解するために「たして3、かけて2になる2つの数」を探しましょう。
「たして3、かけて2になる2つの数」を探すと、$+1$ と $+2$ が見つかります。だから、次のように因数分解できます。$x^2+3x+2=(x+1)\,(x+2)$

(2) y^2-6y-7　y^2-6y-7 を因数分解するために「たして-6、かけて-7になる2つの数」を探しましょう。
「たして-6、かけて-7になる2つの数」を探すと、$+1$ と -7 が見つかります。だから、次のように因数分解できます。$y^2-6y-7=(y+1)\,(y-7)$

(3) $a^2+19a-120$　$a^2+19a-120$ を因数分解するために「たして19、かけて-120になる2つの数」を探しましょう。
「たして19、かけて-120になる2つの数」を探すと、$+24$ と -5 が見つかります。だから、次のように因数分解できます。$a^2+19a-120=(a+24)\,(a-5)$

3 次の式を因数分解しましょう。
[各6点、計18点]

(1) $x^2+8x+16$　$x^2+8x+16$ は、8が4の2倍、16が4の2乗です。
$$x^2+8x+16=(x+4)^2$$

(2) $a^2-16a+64$　$a^2-16a+64$ は、16が8の2倍、64が8の2乗です。
$$a^2-16a+64=(a-8)^2$$

(3) $y^2-\dfrac{2}{3}y+\dfrac{1}{9}$　$y^2-\dfrac{2}{3}y+\dfrac{1}{9}$ は、$\dfrac{2}{3}$ が $\dfrac{1}{3}$ の2倍、$\dfrac{1}{9}$ が $\dfrac{1}{3}$ の2乗です。
$$y^2-\dfrac{2}{3}y+\dfrac{1}{9}=\left(y-\dfrac{1}{3}\right)^2$$

4 次の式を因数分解しましょう。
[各6点、計12点]

(1) x^2-4　x^2-4 は、x^2 が x の2乗、4が2の2乗です。
$$x^2-4=x^2-2^2=(x+2)\,(x-2)$$

(2) $1-y^2$　$1-y^2$ は、1が1の2乗、y^2 が y の2乗です。
$$1-y^2=1^2-y^2=(1+y)\,(1-y)$$

5 次の式を因数分解しましょう。
[(1)(2)は各9点、(3)は10点、計28点]

(1) $2x^2-10x-48$
$$=2\,(x^2-5x-24)\quad\text{共通因数の2をかっこの外にくくり出す}$$
$$=2\,(x+3)\,(x-8)\quad x^2+(a+b)\,x+ab=(x+a)\,(x+b)$$

(2) $-5x^2+30x-45$　　共通因数の -5 をかっこの外にくくり出す
$$=-5\,(x^2-6x+9)$$
$$=-5\,(x-3)^2$$
※負の数（-5）をかっこの外にくくり出すので、かっこの中の符号（$+と-$）がかわることに注意しましょう。
$x^2-2ax+a^2=(x-a)^2$

(3) $\dfrac{8}{9}a^2-\dfrac{32}{25}b^2$
$$=8\left(\dfrac{1}{9}a^2-\dfrac{4}{25}b^2\right)\quad\text{共通因数の8をかっこの外にくくり出す}$$
$$=8\left(\dfrac{1}{3}a+\dfrac{2}{5}b\right)\left(\dfrac{1}{3}a-\dfrac{2}{5}b\right)\quad x^2-a^2=(x+a)\,(x-a)$$

 本文99ページ

▶▶▶ 解いてみる

方程式 $x^2-11x=0$ を解きましょう。
左辺の共通因数 x をかっこの外にくくり出して因数分解すると
$$x\,(x-11)=0$$
$$x=0\quad\text{または}\quad x-11=0$$
答え $x=0$、$x=11$

▶▶▶ チャレンジしてみる

次の方程式を解きましょう。

(1) $x^2+6x+5=0$
左辺を、$x^2+(a+b)\,x+ab=(x+a)\,(x+b)$ の公式で因数分解すると、
$(x+1)\,(x+5)=0$
$x+1=0$ または $x+5=0$
答え $x=-5$、$x=-1$

(2) $x^2+12x+36=0$
左辺を、$x^2+2ax+a^2=(x+a)^2$ の公式で因数分解すると、$(x+6)^2=0$
$x+6=0$
答え $x=-6$

(3) $x^2-20x+100=0$
左辺を、$x^2-2ax+a^2=(x-a)^2$ の公式で因数分解すると、$(x-10)^2=0$
$x-10=0$
答え $x=10$
※（2）や（3）のように、2次方程式の解が1つになることがあります。

(4) $x^2-225=0$
左辺を、$x^2-a^2=(x+a)\,(x-a)$ の公式で因数分解すると、$(x+15)\,(x-15)=0$
$x+15=0$ または $x-15=0$
答え $x=\pm 15$

(4) の 別解
ひとつ前の項目で習った、平方根の考えかたを使って、次のように解くこともできます。
$$x^2-225=0\quad\text{-225を右辺に移項}$$
$$x^2=225\quad\text{xは225の平方根}$$
$$x=\pm 15$$

 本文101ページ

▶▶▶ 解いてみる

次の方程式を解きましょう。

(1) $2x^2-9x+5=0$
解の公式に、$a=2$、$b=-9$、$c=5$ を代入して計算すると
$$x=\dfrac{-(-9)\pm\sqrt{(-9)^2-4\times2\times5}}{2\times2}$$
$$=\dfrac{9\pm\sqrt{81-40}}{4}=\dfrac{9\pm\sqrt{41}}{4}$$
答え $x=\dfrac{9\pm\sqrt{41}}{4}$

(2) $x^2+10x-7=0$
b が偶数の10なので「b が偶数のときの解の公式」が使えます。
b を2で割ったものが b' なので、$b'=10\div2=5$
「b が偶数のときの解の公式」に、$a=1$、$b'=5$、$c=-7$ を代入して計算すると
$$x=\dfrac{-5\pm\sqrt{5^2-1\times(-7)}}{1}\quad\text{分母が1なので分子だけ残る}$$
$$=-5\pm\sqrt{25+7}$$
$$=-5\pm\sqrt{32}=-5\pm4\sqrt{2}$$
$a\sqrt{b}$ の形にするのを忘れずに！
答え $x=-5\pm4\sqrt{2}$

▶▶▶ チャレンジしてみる

方程式 $3x^2-11x+10=0$ を解きましょう。
解の公式に、$a=3$、$b=-11$、$c=10$ を代入して計算すると
$$x=\dfrac{-(-11)\pm\sqrt{(-11)^2-4\times3\times10}}{2\times3}$$
$$=\dfrac{11\pm\sqrt{121-120}}{6}$$
$$=\dfrac{11\pm\sqrt{1}}{6}=\dfrac{11\pm1}{6}\quad\leftarrow\dfrac{11+1}{6}\,\text{または}\,\dfrac{11-1}{6}\,\text{という意味}$$
$$x=\dfrac{11+1}{6}=\dfrac{12}{6}=2$$
$$x=\dfrac{11-1}{6}=\dfrac{10}{6}=\dfrac{5}{3}$$
答え $x=\dfrac{5}{3}$、$x=2$

▶▶▶ 解いてみる

「底辺の長さが高さより5cm長い三角形があり、この三角形の面積は18cmです。この三角形の底辺の長さは何cmですか」という文章題について、底辺の長さを x cmとおいて、2次方程式をつくりましょう（展開していない最初の方程式を答えにしてください）。

ステップ1 求めたいものを x とする

三角形の底辺の長さを x cmとします。
すると、高さは $(x-5)$ cmと表せます。

面積18cm²
高さ $(x-5)$ cm
底辺 x cm

ステップ2 方程式をつくる

「底辺×高さ× $\frac{1}{2}$ ＝三角形の面積」なので、次の方程式をつくることができます。　 $\underset{\text{底辺×高さ×}}{x}\ \underset{}{(x-5)}\times\underset{\frac{1}{2}}{\frac{1}{2}}=\underset{\text{三角形の面積}}{18}$

$$x(x-5)\times\frac{1}{2}=18$$

答え （または、$\frac{1}{2}x(x-5)=18$）

▶▶▶ チャレンジしてみる

▶▶▶ 解いてみるでつくった方程式を解いて、底辺の長さを求めましょう。

ステップ3 方程式を解く

$$x(x-5)\times\frac{1}{2}=18$$
$$x(x-5)\times\frac{1}{2}\times2=18\times2$$
$$x(x-5)=36$$
$$x^2-5x-36=0$$
$$(x+4)(x-9)=0$$
$$x=-4、x=9$$

両辺に2をかける
$\frac{1}{2}\times2=1$、$18\times2=36$を計算
移項して右辺を0にする
左辺を因数分解する

ステップ4 解が問題に適しているかどうかを確かめる

x（底辺の長さ）は、高さより5cm長く、5より大きいので、$x=9$は問題に適していますが、$x=-4$は問題に適していません。

だから、$x=9$　**答え** 9cm

▶▶▶ 解いてみる

y は x^2 に比例しており、$x=-2$ のとき $y=20$ です。このとき、$x=-3$ のときの y の値を求めましょう。

y は x^2 に比例しているので、$y=ax^2$ とおけます。
$x=-2$ と $y=20$ を、$y=ax^2$ に代入すると
$20=a\times(-2)^2$、　$20=a\times4$、　$a=5$　　だから、$y=5x^2$
$y=5x^2$ に $x=-3$ を代入すると $y=5\times(-3)^2=5\times9=45$　**答え** $y=45$

▶▶▶ チャレンジしてみる

$y=-\frac{1}{4}x^2$ について、次の問いに答えましょう。

(1) $y=-\frac{1}{4}x^2$ について、右の表を完成させましょう。

x	…	-6	-4	-2	0	2	4	6	…
y	…	-9	-4	-1	0	-1	-4	-9	…

$y=-\frac{1}{4}x^2$ の x にそれぞれの値を代入して、y の値を求めると、上のようになります。

(2) (1)の表をもとに、$y=-\frac{1}{4}x^2$ のグラフをかきましょう。

※ ココで差がつく！ポイント で見た $y=x^2$ は、a が正の数（1）で、グラフは上に開きます。

一方、$y=-\frac{1}{4}x^2$ のように、a が負の数 $\left(-\frac{1}{4}\right)$ の場合、グラフは下に開くことをおさえましょう。

2次方程式
まとめテスト

本文104～105ページ

※何度も復習したい方は、直接書き込まずノートを使うとよいでしょう。

1 次の方程式を解きましょう。
[各10点、計20点]

(1) $2x^2-90=0$
$2x^2=90$
$x^2=45$
$x=\pm\sqrt{45}$
$x=\pm3\sqrt{5}$

-90を右辺に移項
両辺を2で割る
xは45の平方根
$a\sqrt{b}$の形にする

答え $x=\pm3\sqrt{5}$

(2) $(x+1)^2-48=0$
-48を右辺に移項すると $(x+1)^2=48$
$x+1$は48の平方根なので
$x+1=\pm\sqrt{48}$
$x+1=\pm4\sqrt{3}$
$x=-1\pm4\sqrt{3}$

$a\sqrt{b}$の形にする
$+1$を右辺に移項

答え $x=-1\pm4\sqrt{3}$

2 次の方程式を解きましょう。
[各10点、計20点]

(1) $x^2+3x-40=0$
左辺を、$x^2+(a+b)x+ab=(x+a)(x+b)$ の公式で因数分解すると
$(x+8)(x-5)=0$
$x+8=0$ または $x-5=0$

答え $x=-8$、$x=5$

(2) $x^2+6x+9=0$
$x^2+2ax+a^2=(x+a)^2$ の公式で因数分解すると $(x+3)^2=0$
$x+3=0$

答え $x=-3$

3 次の方程式を解きましょう。
[各15点、計30点]

(1) $2x^2+7x+1=0$
解の公式に、$a=2$、$b=7$、$c=1$ を代入して計算すると
$$x=\frac{-7\pm\sqrt{7^2-4\times2\times1}}{2\times2}$$
$$=\frac{-7\pm\sqrt{49-8}}{4}=\frac{-7\pm\sqrt{41}}{4}$$

答え $x=\frac{-7\pm\sqrt{41}}{4}$

(2) $4x^2+4x-15=0$
b が偶数の4なので「b が偶数のときの解の公式」が使えます。
b を2で割ったものが b' なので、$b'=4\div2=2$
「b が偶数のときの解の公式」に、$a=4$、$b'=2$、$c=-15$ を代入して計算すると
$$x=\frac{-2\pm\sqrt{2^2-4\times(-15)}}{4}$$
$$=\frac{-2\pm\sqrt{4+60}}{4}$$
$$=\frac{-2\pm\sqrt{64}}{4}$$
$$=\frac{-2\pm8}{4}\leftarrow\frac{-2+8}{4}\text{または}\frac{-2-8}{4}\text{という意味}$$

$$x=\frac{-2+8}{4}=\frac{6}{4}=\frac{3}{2}$$
$$x=\frac{-2-8}{4}=\frac{-10}{4}=-\frac{5}{2}$$

答え $x=-\frac{5}{2}$、$x=\frac{3}{2}$

4 連続する2つの整数があります。それぞれを2乗した数の和が85であるとき、この2つの整数を求めましょう。
[すべて正解で30点]

4つのステップによって、次のように解くことができます。

ステップ1 求めたいものを x とする

連続する2つの整数とは、例えば、3と4のように続いている整数のことです。
連続する2つの整数のうち、小さいほうを x とすると、大きいほうは $x+1$ と表せます。

ステップ2 方程式をつくる

「それぞれを2乗した数の和が85である」ことを方程式に表しましょう。
整数 x を2乗した数は、x^2 と表せます。
また、整数 $x+1$ を2乗した数は、$(x+1)^2$ と表せます。
「それぞれを2乗した数の和が85である」ので、次の方程式が成り立ちます。
$$x^2+(x+1)^2=85$$

ステップ3 方程式を解く

$$x^2+(x+1)^2=85$$
$$x^2+x^2+2x+1=85$$
$$x^2+x^2+2x+1-85=0$$
$$2x^2+2x-84=0$$
$$x^2+x-42=0$$
$$(x+7)(x-6)=0$$
$$x=-7、x=6$$

$(x+1)^2$を展開する
移項して右辺を0にする
左辺を整理する
両辺を2で割る
左辺を因数分解する

ステップ4 解が問題に適しているかどうかを確かめる

$x=-7$ のとき、大きいほうの数は $-7+1=-6$ です。
$x=6$ のとき、大きいほうの数は $6+1=7$ です。
-7 と -6、6 と 7 のいずれの数も整数なので、問題に適しています。

答え -7と-6、6と7

▶▶▶ 解いてみる

1次関数 $y=-4x+3$ で、x の値が2から5まで変化するとき、変化の割合を求めましょう。

x の値は2から5まで変化するので、x の増加量は $5-2=3$ です。

$x=2$ を $y=-4x+3$ に代入すると、$y=-4×2+3=-8+3=-5$

$x=5$ を $y=-4x+3$ に代入すると、$y=-4×5+3=-20+3=-17$

y の値は -5 から -17 まで変化するので、y の増加量は $-17-(-5)$ $=-17+5=-12$ です（増加量が -12 とは「12減少すること」を表します）。

変化の割合 $=\dfrac{y \text{の増加量}}{x \text{の増加量}}=\dfrac{-12}{3}=-4$

答え　　　　-4

▶▶▶ チャレンジしてみる

関数 $y=-\dfrac{1}{2}x^2$ で、x の値が -8 から -6 まで変化するとき、変化の割合を求めましょう。

x の値は -8 から -6 まで変化するので、

x の増加量は $-6-(-8)=-6+8=2$ です。

$x=-8$ を $y=-\dfrac{1}{2}x^2$ に代入すると、$y=-\dfrac{1}{2}×(-8)^2=-\dfrac{1}{2}×64=-32$

$x=-6$ を $y=-\dfrac{1}{2}x^2$ に代入すると、$y=-\dfrac{1}{2}×(-6)^2=-\dfrac{1}{2}×36=-18$

y の値は -32 から -18 まで変化するので、

y の増加量は $-18-(-32)=-18+32=14$ です。

変化の割合 $=\dfrac{y \text{の増加量}}{x \text{の増加量}}=\dfrac{14}{2}=7$

答え　　　　7

▶▶▶ 解いてみる

次の 表2 は、あるクラス35人の社会のテスト結果を度数分布表に表して、累積度数の欄を加えたものです。この表のチ、テ、ナ、ヌ、ノ、ヒの□にあてはまる度数を、それぞれ答えましょう。

チ、テ、ナ、ヌ、ノ、ヒの順に、□にあてはまる度数を求めていきます。

表2

社会のテストの結果（点）	度数（人）	累積度数（人）
50以上 ～ 60未満	❶□	❷6
60 ～ 70	❸□	❹14
70 ～ 80	❺□	❻26
80 ～ 90	❼□	❽31
90 ～ 100	❾□	❿35
合計	⓫□	

←チ＝❷
←テ＝❹－❷
←ナ＝❻－❹
←ヌ＝❽－❻
←ノ＝❿－❽
←ヒ＝❿

チ＝❷＝6
テ＝❹－❷＝14－6＝8
ナ＝❻－❹＝26－14＝12
ヌ＝❽－❻＝31－26＝5
ノ＝❿－❽＝35－31＝4
ヒ＝❿＝35

答え　チ＝6、テ＝8、ナ＝12、ヌ＝5、ノ＝4、ヒ＝35

▶▶▶ チャレンジしてみる

表2 をもとに、次の問いに答えましょう。

(1) 60点以上80点未満の生徒は何人ですか。

結果が60点以上80点未満の生徒数は、表2 の「60点以上70点未満の度数（テ）の8」と「70点以上80点未満の度数（ナ）の12」をたせば求められるので、$8+12=20$（人）

答え　　20人

(2) 70点未満の生徒は、生徒全体の何%にあたりますか。

結果が70点未満の生徒数は、表2 の累積度数（❹）から14人とわかります。$14÷35=0.4$ なので、全体の40（%）です。

答え　　40%

関数 $y=ax^2$
まとめテスト

本文110〜111ページ

※何度も復習したい方は、直接書き込まずノートを使うとよいでしょう。

1 y は x^2 に比例しており、$x=9$ のとき $y=-27$ です。このとき、次の問いに答えましょう。

[各10点、計20点]

(1) y を x の式で表しましょう。

y は x^2 に比例しているので、$y=ax^2$ とおけます。

$x=9$ と $y=-27$ を、$y=ax^2$ に代入すると

$-27=a×9^2$、$-27=a×81$、$a=-\dfrac{27}{81}=-\dfrac{1}{3}$

だから、$y=-\dfrac{1}{3}x^2$

答え　$y=-\dfrac{1}{3}x^2$

(2) $x=-6$ のときの y の値を求めましょう。

$y=-\dfrac{1}{3}x^2$ に $x=-6$ を代入すると、$y=-\dfrac{1}{3}×(-6)^2=-\dfrac{1}{3}×36=-12$

答え　$y=-12$

2 次の問いに答えましょう。

[(1)と(2)は、それぞれすべて正解で10点、(3)は各15点、計50点]

(1) $y=\dfrac{1}{2}x^2$ について、右の表を完成させましょう（答えが整数以外になるときは分数で答えましょう）。

x	…	-3	-2	-1	0	1	2	3	…
y		$\dfrac{9}{2}$	2	$\dfrac{1}{2}$	0	$\dfrac{1}{2}$	2	$\dfrac{9}{2}$	

$y=\dfrac{1}{2}x^2$ の x にそれぞれの値を代入して、y の値を求めると、上のようになります。

(2) $y=-\dfrac{1}{2}x^2$ について、右の表を完成させましょう（答えが整数以外になるときは分数で答えましょう）。

x	…	-3	-2	-1	0	1	2	3	…
y	…	$-\dfrac{9}{2}$	-2	$-\dfrac{1}{2}$	0	$-\dfrac{1}{2}$	-2	$-\dfrac{9}{2}$	

$y=-\dfrac{1}{2}x^2$ の x にそれぞれの値を代入して、y の値を求めると、上のようになります。

(3) (1)(2) をもとに、$y=\dfrac{1}{2}x^2$ と $y=-\dfrac{1}{2}x^2$ のそれぞれのグラフをかきましょう。

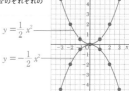

$y=\dfrac{1}{2}x^2$

$y=-\dfrac{1}{2}x^2$

3 1次関数 $y=-\dfrac{7}{3}x-5$ で、x の値が6から12まで変化するとき、変化の割合を求めましょう。

[15点]

x の値は6から12まで変化するので、x の増加量は $12-6=6$ です。

$x=6$ を $y=-\dfrac{7}{3}x-5$ に代入すると、$y=-\dfrac{7}{3}×6-5=-14-5=-19$

$x=12$ を $y=-\dfrac{7}{3}x-5$ に代入すると、$y=-\dfrac{7}{3}×12-5=-28-5=-33$

y の値は -19 から -33 まで変化するので、y の増加量は $-33-(-19)$ $=-33+19=-14$ です（増加量が -14 とは「14減少すること」を表します）。

変化の割合 $=\dfrac{y \text{の増加量}}{x \text{の増加量}}=\dfrac{-14}{6}=-\dfrac{7}{3}$

答え　　$-\dfrac{7}{3}$

4 関数 $y=-3x^2$ で、x の値が -5 から -3 まで変化するとき、変化の割合を求めましょう。

[15点]

x の値は -5 から -3 まで変化するので、x の増加量は $-3-(-5)=-3+5$ $=2$ です。

$x=-5$ を $y=-3x^2$ に代入すると、$y=-3×(-5)^2=-3×25=-75$

$x=-3$ を $y=-3x^2$ に代入すると、$y=-3×(-3)^2=-3×9=-27$

y の値は -75 から -27 まで変化するので、y の増加量は $-27-(-75)$ $=-27+75=48$ です。

変化の割合 $=\dfrac{y \text{の増加量}}{x \text{の増加量}}=\dfrac{48}{2}=24$

答え　　24

▶▶▶ 解いてみる

左ページの【例】のデータについて、次のエ〜カの□にあてはまる数を入れましょう。同じ記号には、同じ数が入ります。

・このデータの第1四分位数、第2四分位数、第3四分位数は、それぞれ何問ですか。

解きかた　データを値の小さい順に並べたとき、4等分する位置の値を、四分位数といいます。データの散らばり具合を「範囲」よりさらに詳しく知るために、四分位数や、四分位範囲（下の※を参照）が使われます。

四分位数は、小さい順に、第1四分位数、第2四分位数、第3四分位数といいます。第2四分位数は、中央値と同じ意味です。【例】のデータを小さい順に並べて、四分位数を調べると、右のようになります。

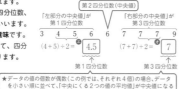

「左部分の中央値」が第1四分位数　第2四分位数（中央値）　「右部分の中央値」が第3四分位数

3　4　5　6　6　7　7　9
(4+5)÷2＝**4.5**　　(7+7)÷2＝**7**
　　　第1四分位数　　　　　第3四分位数

★データの値の個数が偶数（この例では、それぞれ4個）の場合、データを小さい順に並べて、「中央にくる2つの値の平均値」が中央値になる

答え　第1四分位数 **4.5** 問、第2四分位数 **6** 問、第3四分位数 **7** 問

※第3四分位数から第1四分位数を引いた値を、四分位範囲といいます。【例】のデータの四分位範囲を求めると、次のようになります。

四分位範囲＝第3四分位数－第1四分位数＝7－4.5＝2.5（問）

▶▶▶ チャレンジしてみる

左ページの【例】のデータについて、箱ひげ図をかきましょう。

解きかた　最小値、第1四分位数、第2四分位数（中央値）、第3四分位数、最大値の計5つの値を図に表したものが、箱ひげ図です。箱ひげ図をかくことによって、データの散らばり具合を、目で見てわかりやすい形に表すことができます。

右の図に、左ページの【例】のデータについての箱ひげ図をかきましょう。

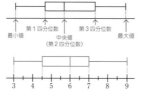

最小値　第1四分位数　第3四分位数　最大値
中央値（第2四分位数）

3　4　5　6　7　8　9

▶▶▶ 解いてみる

ジョーカーを除く52枚のトランプから1枚を引くとき、そのカードがハートかダイヤかクラブのいずれかである確率を求めましょう。

52枚のトランプから1枚を引くと、全部で52通りの引きかたがあります。
一方、ハートは1〜13の13枚あるので、13通りの引きかたがあります。ダイヤとクラブの引きかたもそれぞれ13通りあります。なので、ハートかダイヤかクラブのいずれかを引く引きかたは、13×3＝39（通り）あります。
だから、確率は次のように求められます。

確率＝$\dfrac{あることが起こるのが何通りあるか}{全部で何通りあるか}$＝$\dfrac{39}{52}$＝$\dfrac{3}{4}$

答え　$\dfrac{3}{4}$

▶▶▶ チャレンジしてみる

3枚の硬貨を投げるとき、2枚以上が表になる確率を求めましょう。

3枚の硬貨を、硬貨X、硬貨Y、硬貨Zとします。そして、表と裏の出かたを樹形図に表すと、右のようになります。
樹形図から、出かたは全部で8通りあります。
一方、2枚以上が表になる出かたは、★をつけた4通りです。

硬貨X　硬貨Y　硬貨Z
表　表　表★（表が3枚）
　　　裏★（表が2枚）
　裏　表★（表が2枚）
　　　裏
裏　表　表★（表が2枚）
　　　裏
　裏　表
　　　裏

だから、確率は次のように求められます。

確率＝$\dfrac{あることがらが起こるのが何通りあるか}{全部で何通りあるか}$＝$\dfrac{4}{8}$＝$\dfrac{1}{2}$

答え　$\dfrac{1}{2}$

▶▶▶ 解いてみる

大小2つのサイコロを投げるとき、出た目の和が7以上になる確率を求めましょう。

※表の●の中の数は、出た目の和を表しています。
大小2つのサイコロの目の出かたは全部で、36通りです。
一方、出た目の和が7以上になるのは、●をつけた21通りです。
だから、確率は$\dfrac{21}{36}$となり、約分して$\dfrac{7}{12}$と求められます。

大／小	1	2	3	4	5	6
1						❼
2					❼	❽
3				❼	❽	❾
4			❼	❽	❾	❿
5		❼	❽	❾	❿	⓫
6	❼	❽	❾	❿	⓫	⓬

答え　$\dfrac{7}{12}$

▶▶▶ チャレンジしてみる

大小2つのサイコロを投げるとき、出た目の和が素数になる確率を求めましょう（素数については20ページを参照）。

大小2つのサイコロを投げるとき、出た目の和が素数になるのは、出た目の和が、2、3、5、7、11のときです。
※表の●の中の数は、出た目の和を表しています。
大小2つのサイコロの目の出かたは全部で、36通りです。
一方、出た目の和が素数になるのは、●をつけた15通りです。
だから、確率は$\dfrac{15}{36}$となり、約分して$\dfrac{5}{12}$と求められます。

大／小	1	2	3	4	5	6
1	❷	❸		❺		❼
2	❸		❺		❼	
3		❺		❼		
4	❺		❼			⓫
5		❼				
6	❼				⓫	

答え　$\dfrac{5}{12}$

▶▶▶ 解いてみる

右のおうぎ形について、問いに答えましょう。

108°
20cm

(1) このおうぎ形の弧の長さは何cmですか。

半径20cm、中心角は108°

半径×2×π×$\dfrac{中心角}{360}$＝20×2×π×$\dfrac{108}{360}$　　$\dfrac{108}{360}$＝$\dfrac{3}{10}$
＝20×2×π×$\dfrac{3}{10}$　　←約分する
＝12π（cm）　　2×2×3＝12

答え　12π（cm）

(2) このおうぎ形の面積は何cm²ですか。

半径20cm、中心角は108°

半径×半径×π×$\dfrac{中心角}{360}$＝20×20×π×$\dfrac{108}{360}$　　$\dfrac{108}{360}$＝$\dfrac{3}{10}$
＝20×20×π×$\dfrac{3}{10}$　　←約分する
＝120π（cm²）　　2×20×3＝120

答え　120π（cm²）

▶▶▶ チャレンジしてみる

右のおうぎ形のまわりの長さは何cmですか。

「弧の長さ」ではなく、「まわりの長さ」を求める問題であることに注意しましょう。「弧の長さに、半径2つ分をたした長さ」が「まわりの長さ」です。

270°
4cm

弧の長さ＝4×2×π×$\dfrac{270}{360}$　　$\dfrac{270}{360}$＝$\dfrac{3}{4}$
＝4×2×π×$\dfrac{3}{4}$　　←約分する
＝6π（cm）　　1×2×3＝6

まわりの長さ＝弧の長さ＋半径×2
＝6π＋4×2＝6π＋8（cm）

答え　6π＋8（cm）

データの活用・確率
まとめテスト

本文120〜121ページ

※何度も復習したい方は、直接書き込まずノートを使うとよいでしょう。

1 右の表は、25人の生徒の通学時間を、度数分布表に表して、累積度数の欄を加えたものです。この表の**イ**、**ウ**、**カ**、**キ**、**コ**、**シ**、**ス**の□にあてはまる数を、それぞれ答えましょう。　[各4点、計28点]

通学時間(分)	度数(人)	累積度数(人)
5以上〜10未満	❷□	❶□
10　〜15	❸□	❹7
15　〜20	❺7	❻□
20　〜25	❼□	❽20
25　〜30	❾4	❿□
30　〜35	⓫1	⓬□
合計	⓭□	

イ、**ウ**、**カ**、**キ**、**コ**、**シ**、**ス**の順に、□にあてはまる度数と累積度数を求めていきます。

イ=**ア**=2

ウ=**エ**ー**イ**=7−2=5

カ=**エ**+**オ**=7+7=14

キ=**ク**ー**カ**=20−14=6

コ=**ク**+**ケ**=20+4=24

シ=**コ**+**サ**=24+1=25

ス=**シ**=25

答え **イ**2、**ウ**5、**カ**14、**キ**6、**コ**24、**シ**25、**ス**25

2 11人の生徒が10点満点のテストを受けたとき、それぞれの得点は次のようになりました。このとき、後の問いに答えましょう。
[(1) 5点、(2) 5点×3、(3) 5点 (4) 7点、計32点]

6　3　8　10　5　2　8　4　3　8　9

(1) このデータの範囲は何点ですか。

範囲=最大値−最小値=10−2=8（点）　　　**答え** 8点

(2) このデータの第1四分位数、第2四分位数、第3四分位数は、それぞれ何点ですか。

このデータを小さい順に並べて、四分位数を調べると、次のようになります。

第2四分位数（中央値）

2　3　③　4　5　⑥　8　8　⑧　9　10

第1四分位数　　　　　　　　第3四分位数

答え 第1四分位数3点、第2四分位数6点、第3四分位数8点

(3) このデータの四分位範囲は何点ですか。

四分位範囲=第3四分位数−第1四分位数=8−3=5（点）

答え 5点

(4) 右の図に、このデータの箱ひげ図をかきましょう。

このデータの最小値、第1四分位数、第2四分位数（中央値）、第3四分位数、最大値の計5つの値を箱ひげ図に表すと、上のようになります。

3 3枚の硬貨を投げるとき、3枚とも表になる確率を求めましょう。
[20点]

3枚の硬貨を、硬貨X、硬貨Y、硬貨Zとします。そして、表と裏の出かたを樹形図に表すと、右のようになります。

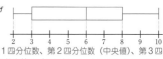

樹形図から、出かたは全部で8通りあります。

一方、3枚とも表になる出かたは、★をつけた1通りです。

だから、確率は次のように求められます。

確率=$\dfrac{あることがらが起こるのが何通りあるか}{全部で何通りあるか}$=$\dfrac{1}{8}$

答え $\dfrac{1}{8}$

4 大小2つのサイコロを投げるとき、出た目の和が7以下の奇数になる確率を求めましょう。
[20点]

大小2つのサイコロを投げるとき、出た目の和が7以下の奇数になるのは、出た目の和が、3、5、7のときです。

※表の●の中の数は、出た目の和を表しています。

大小2つのサイコロの目の出かたは全部で、36通りです。

大\小	1	2	3	4	5	6
1		❸		❺		❼
2	❸		❺		❼	
3		❺		❼		
4	❺		❼			
5		❼				
6	❼					

一方、出た目の和が7以下の奇数になるのは、●をつけた12通りです。

だから、確率は$\dfrac{12}{36}$となり、約分して$\dfrac{1}{3}$と求められます。

答え $\dfrac{1}{3}$

PART 13 〈2〉 対頂角、同位角、錯角

たいちょうかく どういかく さっかく

本文125ページ

▶▶▶ 解いてみる

右の図で、ℓ／／mのとき、∠a〜∠dの大きさを求めましょう。

80°の角と∠aは対頂角なので等しいです。

だから、∠a=80°

∠aと∠bは同位角で、2つの直線が平行であるとき、同位角は等しいので、∠b=80°

直線のつくる角は180°なので、180°から80°（∠b）を引けば、∠cの大きさが求められます。だから、∠c=180°−80°=100°

61°の角と∠dは錯角で、2つの直線が平行であるとき、錯角は等しいので、∠d=61°

答え ∠a=80°、∠b=80°、∠c=100°、∠d=61°

▶▶▶ チャレンジしてみる

右の図で、2直線ℓとmが平行であるか、平行ではないかを答えましょう。

右の図のように、123°のとなりの角を、∠アとします。

直線のつくる角は180°なので、

∠ア=180°−123°=57°

∠ア（57°）と56°の角は同位角ですが、角の大きさが違うので、2直線ℓとmは平行ではありません。

答え 平行ではない

PART 13 〈3〉 多角形の内角と外角

たかくけい

本文127ページ

▶▶▶ 解いてみる

右の図形の∠xと∠yの大きさをそれぞれ求めましょう。

(1) この図形は七角形です。

n角形の内角の和=180°×(n−2)の公式から

七角形の内角の和=180°×(7−2)=900°

900°から∠x以外の6つの内角の和を引くと

∠x=900°−(140°+150°+120°+115°+130°+125°)

　　=900°−780°=120°

答え ∠x=120°

(2) 多角形の外角の和は360°です。

360°から∠y以外の4つの外角の和を引くと

∠y=360°−(60°+100°+50°+60°)=360°−270°=90°　**答え** ∠y=90°

▶▶▶ チャレンジしてみる

正十二角形の1つの内角と1つの外角はそれぞれ何度ですか。

・n角形の内角の和=180°×(n−2)の公式から

正十二角形の内角の和=180°×(12−2)=1800°

正十二角形の12の内角の大きさはすべて等しいので、1800°を12で割れば、1つの内角の大きさが求められます。1800°÷12=150°

・多角形の外角の和は360°です。

正十二角形の12の外角の大きさはすべて等しいので、360°を12で割れば、1つの外角の大きさが求められます。360°÷12=30°

答え 1つの内角150°、1つの外角30°

別解 1つの内角の大きさの求めかた

「多角形の1つの外角+1つの内角=180°」です。

正十二角形の1つの外角が30°と求められたので、

正十二角形の1つの内角は、180°−30°=150°

正十二角形の一部

1つの外角は30°

1つの内角は
180°−30°=150°

平面図形その1
まとめテスト

本文128〜129ページ

※何度も復習したい方は、直接書き込まずノートを使うとよいでしょう。

1 右のおうぎ形について、問いに答えましょう。
[各8点、計24点]

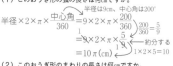

(1) このおうぎ形の弧の長さは何cmですか。

半径×2×π×中心角/360＝9×2×π×200/360

＝9×2×π×5/9 ←約分する（1×2×5＝10）

＝10π(cm)

答え 10π cm

(2) このおうぎ形のまわりの長さは何cmですか。

まわりの長さ＝弧の長さ＋半径×2
＝10π＋9×2＝10π＋18(cm)

答え 10π＋18(cm)

(3) このおうぎ形の面積は何cm²ですか。

半径×半径×π×中心角/360＝9×9×π×200/360

＝9×9×π×5/9 ←約分する（1×9×5＝45）

＝45π(cm²)

答え 45π cm²

2 右の図で、ℓ // m のとき、∠a〜c の
大きさを求めましょう。
[各8点、計24点]

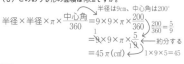

40° の角と∠a は対頂角で等しいので、∠a＝40°
右下の図のように、直線ℓ、m に平行な補助線を
引き、∠b を∠アと∠イに分けます。すると、∠a（＝40°）
と∠アは錯角になり、55° の角と∠イは錯角になります。
2つの直線が平行であるとき、錯角は等しいので、
∠ア＝40°、∠イ＝55°
だから、∠b＝∠ア＋∠イ＝40°＋55°＝95°
112° の角と∠c は同位角で、2つの直線が平行であるとき、
同位角は等しいので、∠c＝112° **答え** ∠a＝40°、∠b＝95°、∠c＝112°

3 右の直線ア〜オのうち、平行な直線はどれ
とどれですか。
[12点]

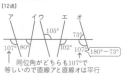

左の図のよ
うに、直線
アと直線オの同位角が等しくなります。
同位角が等しいので、直線アと直線オ
は平行です。他の直線の同位角（や錯
角）を調べても等しくはなりません。

答え 直線アと直線オ

4 右の図形の∠x と∠y の大きさ
をそれぞれ求めましょう。
[各10点、計20点]

(1) この図形は六角形です。
n 角形の内角の和＝180°×(n－2)
の公式から
六角形の内角の和＝180°×(6－2)＝720°
720° から∠x 以外の5つの内角の和を引くと
∠x＝720°－(105°＋120°＋147°＋150°＋115°)＝720°－637°＝83°

答え ∠x＝83°

(2) 多角形の外角の和は360°です。
360° から∠y 以外の3つの外角の和を引くと
∠y＝360°－(85°＋120°＋50°)＝360°－255°＝105°

答え ∠y＝105°

5 正二十角形の1つの内角と1つの外角はそれぞれ何度ですか。
[各10点、計20点]

・n 角形の内角の和＝180°×(n－2) の公式から
正二十角形の内角の和＝180°×(20－2)＝3240°
正二十角形の20の内角の大きさはすべて等しいので、3240° を20で割れ
ば、1つの内角の大きさが求められます。3240°÷20＝162°

・多角形の外角の和は360°です。
正二十角形の20の外角の大きさはすべて等しいので、360° を20で割れば、
1つの外角の大きさが求められます。360°÷20＝18°

答え 1つの内角162°、1つの外角18°

PART 14 **1** 三角形の合同条件

本文131ページ

▶▶▶ 解いてみる

次の図で、「3組の辺がそれぞれ等しい」条件によって、合同である三角
形の組を見つけて、記号≡を使って答えましょう。

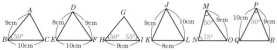

△DEF と△KLJ について、
DE＝KL、EF＝LJ、FD＝JK であり、3組の辺がそれぞれ等しいので、
△DEF ≡ △KLJ **答え** △DEF ≡ △KLJ

▶▶▶ チャレンジしてみる

▶▶▶ 解いてみるの図について、次の問いに答えましょう。
(1) 「2組の辺とその間の角がそれぞれ等しい」条件によって、合同である三角形の組を見
つけて、記号≡を使って答えましょう。
△ABC と△RPQ について、
AB＝RP、BC＝PQ、∠B＝∠P（＝50°）であり、2組の辺とその間の
角がそれぞれ等しいので、△ABC ≡ △RPQ **答え** △ABC ≡ △RPQ

(2) 「1組の辺とその両端の角がそれぞれ等しい」条件によって、合同である三角形の組を
見つけて、記号≡を使って答えましょう。
△NMO で、∠O＝180°－(75°＋50°)＝55°
△GHI と△NMO について、
HI＝MO、∠H＝∠M（＝50°）、∠I＝∠O（＝55°）であり、1組の辺
とその両端の角がそれぞれ等しいので、△GHI ≡ △NMO

答え △GHI ≡ △NMO

PART 14 **2** 三角形の合同を証明する

本文133ページ

▶▶▶ 解いてみる

右の図で、OA＝OC、∠BAO＝∠DCO のとき、
△OAB ≡ △OCD であることを証明するために、あ
〜おの□にあてはまるアルファベットや言葉や文を
入れましょう。

△OAB と△OCD において ← はじめにどの三角形の合同を証明するかを書く

仮定より OA＝│あ OC│……① ← 仮定（問題文ですでにわかっていること）を書く

∠BAO＝│い DCO│……② ← 角の表しかたは「ココで差がつくポイント」参照

│う 対頂角│は等しいから、∠AOB＝│え COD│……③ ← 三角形の合同条件を書く

①、②、③より│お 1組の辺とその両端の角がそれぞれ等しい│から

△OAB ≡ △OCD ← 結論を書いて証明終了

▶▶▶ チャレンジしてみる

▶▶▶ 解いてみるで、△OAB ≡ △OCD であることが証明されました。そ
こから、さらに、OB＝OD であることを証明するために、か〜くの□に
あてはまる言葉を入れましょう。

💡 ヒント 下線部の文は、130ページで習った、合同な図形の性質です。

△OAB ≡ △OCD より、│か 合同│な図形の│き 対応│する│く 辺│の長さは等しいので、
OB＝OD

▶▶▶ 解いてみる

右の図で、△ABC ∽ △DEF であるとき、
次の問いに答えましょう。

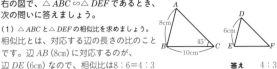

(1) △ABC と△DEF の相似比を求めましょう。
相似比とは、対応する辺の長さの比のこと
です。辺 AB (8cm) に対応するのが、
辺 DE (6cm) なので、相似比は8:6＝4:3

答え　4:3

(2) 角 F の大きさを求めましょう。
相似な図形では、対応する角の大きさはそれぞれ等しいです。
角 F に対応するのは、角 C (45°) です。
だから、角 F の大きさは、45°

答え　45°

▶▶▶ チャレンジしてみる

▶▶▶ 解いてみるの図で、辺 EF の長さを求めましょう。
相似な図形では、対応する辺の長さの比（相似比）はすべて等しいので、
$$\overset{BC}{10} : EF = \overset{相似比}{4 : 3}$$
A:B＝C:D のように、比が等しいことを表した式を比例式といいます。
比例式の内側の B と C を内項といい、外側の A と D を
外項といいます。

$$A : B = C : D$$
外項・内項

比例式には、「内項の積と外項の積は等しい」という性質
があります。
$EF = 30 \div 4 = 7.5$ (cm)

外項の積 $10 \times 3 = \boxed{30}$
$10 : EF = 4 : 3$
内項の積 $EF \times 4$　等しい($EF \times 4 = 30$)

答え　7.5cm

▶▶▶ 解いてみる

次の図で、「3組の辺の比がすべて等しい」条件によって、相似である三
角形の組を見つけましょう。

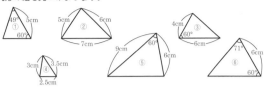

②と④の3組の辺の比は、
5:2.5＝7:3.5＝6:3 (＝2:1) です。
②と④は、3組の辺の比がすべて等しいから相似です。

答え　②と④

▶▶▶ チャレンジしてみる

▶▶▶ 解いてみるの図について、次の問いに答えましょう。

(1)「2組の辺の比とその間の角がそれぞれ等しい」条件によって、相似である三角形の組
を見つけましょう。
③と⑤の2組の辺の比は、4:6＝6:9 (＝2:3) で、
その間の角はどちらも60°です。
③と⑤は、2組の辺の比とその間の角がそれぞれ等しいから
相似です。

答え　③と⑤

(2)「2組の角がそれぞれ等しい」条件によって、相似である三角形の組を見つけましょう。
①と⑥は、どちらも内角が49°、60°、71°です（三角形の内角の和は180°な
ので、180°から2つの角度の和を引けば、残りの角の大きさがわかります）。
①と⑥は、2組の角がそれぞれ等しいから相似です。

答え　①と⑥

▶▶▶ 解いてみる

次の図で、x の値をそれぞれ求めましょう

(1)

30°、60°、90°の角をもつ直角三
角形なので、3辺の比は、1:2:
$\sqrt{3}$ です。
$AB : AC = 6 : x = \sqrt{3} : 1$
内項の積と外項の積は等しい(※)
ので、$\sqrt{3} \times x = 6$

$x = \dfrac{6}{\sqrt{3}} = \dfrac{6\sqrt{3}}{3} = 2\sqrt{3}$　答え　$x = 2\sqrt{3}$

(2)

45°、45°、90°の角をもつ直角二
等辺三角形なので、3辺の比は、1:
$1 : \sqrt{2}$ です。
$AC : BC = 14 : x = \sqrt{2} : 1$
内項の積と外項の積は等しいので、
$\sqrt{2} \times x = 14$

$x = \dfrac{14}{\sqrt{2}} = \dfrac{14\sqrt{2}}{2} = 7\sqrt{2}$　答え　$x = 7\sqrt{2}$

※「比例式の内項と外項が等しい」性質については、別冊解答（21ページ）の PART14-3
を見てください。

▶▶▶ チャレンジしてみる

右のように、斜辺が13cmの直角三角形があります。
x と y はどちらも整数であり、x＜y であるとき、
x と y にあてはまる整数を求めましょう。

三平方の定理より、$x^2 + y^2 = 13^2 = 169$
$x^2 + y^2$ が169になる x と y を探していくと、
$x = 5$、$y = 12$ が見つかります。

答え　$x = 5$、$y = 12$

▶▶▶ 解いてみる

右の図で、∠ア、∠イ の大きさをそれぞれ求めましょう。
ただし、点 O は円の中心とします。
∠ア は $\overset{\frown}{BD}$ に対する円周角で、∠BOD (＝140°) は $\overset{\frown}{BD}$ に
対する中心角です。1つの弧に対する円周角の大きさは、
その弧に対する中心角の半分なので、
∠ア＝∠BOD÷2＝140°÷2＝70°
また、∠イ は $\overset{\frown}{BD}$ (の長いほう) に対する円周角です。∠BOD の大きいほ
う (＝360°－140°＝220°) は $\overset{\frown}{BD}$ (の長いほう) に対する中心角です。1つ
の弧に対する円周角の大きさは、その弧に対する中心角の半分なので、
∠イ＝∠BOD の大きいほう÷2＝220°÷2＝110°

答え　∠ア＝70°、∠イ＝110°

▶▶▶ チャレンジしてみる

右の図で、∠x、∠y、∠z は、どれも角の大きさが同
じです。それぞれ何度でしょうか。ただし、点 O は円
の中心とします。

∠AOB は $\overset{\frown}{AB}$ に対する中心角で、直線がつくる角なの
で180°です。一方、∠x、∠y、
∠z は、どれも $\overset{\frown}{AB}$ に対する円周
角です。

∠x、∠y、∠z ともに、
$\overset{\frown}{AB}$ に対する円周角
→いずれも(180°÷2＝90°)

1つの弧に対する円周角の大き
さは、その弧に対する中心角の
半分なので、∠x＝∠y＝∠z＝∠AOB÷2＝180°÷2＝90°
※半円の弧に対する円周角は、必ず直角になることをおさえましょう。

答え　90°

平面図形その2
まとめテスト

本文142～143ページ

※何度も復習したい方は、直接書き込まずノートを使うとよいでしょう。

1 次の図で、合同な三角形の組をすべて答えましょう。また、そのとき に使った合同条件をいいましょう。

[三角形の組と合同条件ともに正解で10点、計30点]

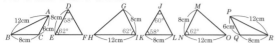

・△ABC と△PRQ について、
AB＝PR、BC＝RQ、CA＝QP であり、3組の辺がそれぞれ等しいので、
△ABC ≡△PRQ

・△DEF と△KLJ について、
DE＝KL、∠D＝∠K（＝58°）、∠E＝∠L（＝180°－(60°+58°)＝62°）で、
1組の辺とその両端の角がそれぞれ等しいので、△DEF ≡△KLJ

・△GHI と△MON について、
HI＝ON、IG＝NM、∠I＝∠N（＝62°）であり、2組の辺とその間 の角がそれぞれ等しいので、∠GHI ≡∠MON

（△ABC ≡△PRQ）→合同条件（3組の辺がそれぞれ等しい　　　　　）
（△DEF ≡△KLJ）→合同条件（1組の辺とその両端の角がそれぞれ等しい）
答え（△GHI ≡△MON）→合同条件（2組の辺とその間の角がそれぞれ等しい　）

2 右の図で、AB＝DC、∠ABC＝∠DCB のとき、
∠BAC＝∠CDB であることを証明しましょう。

[すべて正解で16点]

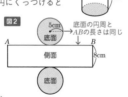

△ABC と△DCB において、
仮定より、AB＝DC …①
∠ABC＝∠DCB …②
BC は、2つの三角形の共通な辺なので、BC＝CB …③
①、②、③より、2組の辺とその間の角がそれぞれ等しいので、△ABC ≡△DCB
合同な図形の対応する角の大きさは等しいので、∠BAC＝∠CDB

3 次の図で、相似な三角形の組をすべて答えましょう。また、そのとき に使った相似条件をいいましょう。

[三角形の組と相似条件ともに正解で10点、計30点]

・①と③の2組の辺の比は、4:2＝6:3（＝2:1）で、その間の角はどちらも70°です。
①と③は、2組の辺の比とその間の角がそれぞれ等しいから相似です。

・②と④の3組の辺の比は、4:6＝4:6＝2:3です。
②と④は、3組の辺の比がすべて等しいから相似です。

・⑤と⑥は、どちらも内角が50°、60°、70°です（三角形の内角の和は180°なので、180°から2つの角度の和を引けば、残りの角の大きさがわかります）。
⑤と⑥は、2組の角がそれぞれ等しいから相似です。

（①と③）→相似条件（2組の辺の比とその間の角がそれぞれ等しい　　）
（②と④）→相似条件（3組の辺の比がすべて等しい　　　　　　　　　）
答え（⑤と⑥）→相似条件（2組の角がそれぞれ等しい　　　　　　　　　）

4 右の図で、x の値を求めましょう。

[8点]

9cmの辺が斜辺です。
三平方の定理より、$x^2+6^2=9^2$、$x^2+36=81$、$x^2=81-36=45$
$x>0$なので、$x=\sqrt{45}=3\sqrt{5}$

答え　$x=3\sqrt{5}$

5 右の図で、∠ア、∠イの大きさをそれぞれ求めましょう。
ただし、点Oは円の中心とします。

[各8点、計16点]

∠アと∠BAC（＝47°）は、
どちらも $\overset{\frown}{BC}$ に対する円周角です。
1つの弧に対する円周角の大きさは一定なので、∠ア＝∠BAC＝47°
∠BAC（＝47°）は $\overset{\frown}{BC}$ に対する円周角で、∠BOC は $\overset{\frown}{BC}$ に対する中心角です。1つの弧に対する円周角の大きさは、その弧に対する中心角の半分なので、∠イ＝∠BAC×2＝47°×2＝94°

答え　∠ア＝47°、∠イ＝94°

柱体の表面積

本文145ページ

▶▶▶ 解いてみる

右の円柱の側面積を求めましょう。
図2は、この円柱の展開図です。
側面の長方形をぐるっと巻いて、底面の円にくっつけると円柱ができます。
だから、側面の長方形の横（図のAB）の長さと、底面の円周の長さが同じであることがわかります。
つまり、「柱体の側面積＝高さ×底面のまわりの長さ」の公式を使うことができるということです。
だから側面積は、$8\times(5\times2\times\pi)=80\pi$（cm²）
　　　　　　　高さ×底面のまわりの長さ

答え　80π cm²

▶▶▶ チャレンジしてみる

▶▶▶ 解いてみるの円柱の表面積を求めましょう。
底面積は、$5\times5\times\pi=25\pi$（cm²）
表面積は、$80\pi+25\pi\times2=130\pi$（cm²）
　　　　　側面積+底面積×2

答え　130π cm²

錐体と球の体積と表面積 1

本文147ページ

▶▶▶ 解いてみる

右の図は、底面が正方形で、4つの側面は合同な四角形です。この四角錐の体積と表面積をそれぞれ求めましょう。

体積　「錐体の体積＝$\frac{1}{3}$×底面積×高さ」なので
$\frac{1}{3}\times10\times10\times12=400$（cm³）
$\frac{1}{3}$ × 底面積 ×高さ

表面積　この四角錐の側面は、4つの合同な三角形（底辺は10cm、高さは13cm）です。
また、この四角錐の底面は、1辺が10cmの正方形です。
だから、この四角錐の表面積は、次のように求められます。
　　　　三角形の面積
$\underline{10\times13\div2\times4}+\underline{10\times10}=260+100=360$（cm²）
　側面積　　　　＋　底面積

答え　体積400cm³、表面積360cm²

▶▶▶ チャレンジしてみる

右の円錐の体積と表面積をそれぞれ求めましょう。

体積　「錐体の体積＝$\frac{1}{3}$×底面積×高さ」なので
$\frac{1}{3}\times8\times8\times\pi\times6=128\pi$（cm³）
$\frac{1}{3}$ × 底面積 ×高さ

表面積　「円錐の側面積＝母線×半径×π」なので、この円錐の側面積は
$10\times8\times\pi=80\pi$（cm²）　底面積は$8\times8\times\pi=64\pi$（cm²）
母線×半径×π
だから表面積は$80\pi+64\pi=144\pi$（cm²）
　　　　　　　側面積+底面積

答え　体積128πcm³、表面積144πcm²

▶▶▶ 解いてみる

右の球の体積と表面積を求めましょう。

[体積] 半径を r とすると、球の体積＝$\frac{4}{3}\pi r^3$ です。半径は
$\frac{3}{4}$cmなので、r に $\frac{3}{4}$ を代入すると、次のように体積
が求められます。

$$\frac{4}{3}\times\pi\times\left(\frac{3}{4}\right)^3=\frac{\cancel{4}^1}{\cancel{3}_1}\times\pi\times\frac{\cancel{3}^1}{\cancel{4}_1}\times\frac{3}{4}\times\frac{3}{4}=\frac{9}{16}\pi\ (\text{cm}^3)$$

[表面積] 半径を r とすると、球の表面積＝$4\pi r^2$ です。半径は $\frac{3}{4}$cmなので、
r に $\frac{3}{4}$ を代入すると、次のように表面積が求められます。

$$4\times\pi\times\left(\frac{3}{4}\right)^2=\cancel{4}^1\times\pi\times\frac{3}{\cancel{4}_1}\times\frac{3}{4}=\frac{9}{4}\pi\ (\text{cm}^2)$$

答え 体積$\frac{9}{16}\pi$cm³、表面積$\frac{9}{4}\pi$cm²

▶▶▶ チャレンジしてみる

右の図は、球を半分にした立体です。
この立体の表面積を求めましょう。

「球の表面積＝$4\pi r^2$」に、$r=3$ を代入して、（半分なので）
$\frac{1}{2}$ をかけましょう。それに、半径3cmの円（平面の部分）の
面積をたすと、次のように表面積が求められます。

$$\underbrace{4\times\pi\times3^2\times\frac{1}{2}}_{\text{球の表面積　半分}}+\underbrace{3\times3\times\pi}_{\text{半径3cmの円の面積}}=\cancel{4}^2\times\pi\times9\times\frac{1}{\cancel{2}_1}+9\pi=18\pi+9\pi=27\pi\ (\text{cm}^2)$$

答え 27πcm²

空間図形
まとめテスト

本文150〜151ページ

※何度も復習したい方は、直接書き込まずノートを使うとよいでしょう。

1 右の立体の表面積を求めましょう。
[各12点、計24点]

（1）三角柱　（2）円柱

（1）「柱体の側面積＝高さ×底面のまわり
の長さ」なので、この三角柱の側面積は
$\underline{5\times(10+26+24)}=5\times60=300\ (\text{cm}^2)$
高さ×底面のまわりの長さ

「柱体の表面積＝側面積＋底面積×2」なので、この三角柱の表面積は
$\underbrace{300}_{側面積}+\underbrace{10\times24\div2\times2}_{底面積　×2}=300+240=540\ (\text{cm}^2)$

（2）「柱体の側面積＝高さ×底面のまわりの長さ」なので、
この円柱の側面積は$3\times\underbrace{(7\times2\times\pi)}_{高さ×底面のまわり（円周）の長さ}=3\times14\pi=42\pi\ (\text{cm}^2)$

「柱体の表面積＝側面積＋底面積×2」なので、この円柱の表面積は
$\underbrace{42\pi+7\times7\times\pi\times2}_{側面積＋底面（円）の面積×2}=42\pi+98\pi=140\pi\ (\text{cm}^2)$

答え（1） 540cm²**（2）** 140πcm²

2 右の立体の体積を求めましょう。
[各12点、計24点]

（1）四角錐と立方体を （2）円錐
　　組み合わせた立体

（1）四角錐の体積（$=\frac{1}{3}\times$底面積×高さ）と、
立方体の体積をたせば、この立体の体積が、
次のように求められます。

$\underbrace{\frac{1}{3}\times3\times3\times4}_{\frac{1}{3}\times底面積×高さ}+\underbrace{3\times3\times3}_{立方体の体積}=12+27=39\ (\text{cm}^3)$
四角錐の体積

（2）「錐体の体積＝$\frac{1}{3}\times$底面積×高さ」なので、この円錐の体積は
$\underbrace{\frac{1}{3}}_{\frac{1}{3}}\times\underbrace{6\times6\times\pi}_{底面積}\times\underbrace{5}_{×高さ}=\frac{1}{\cancel{3}_1}\times\cancel{6}^2\times6\times\pi\times5=60\pi\ (\text{cm}^3)$

答え（1） 39cm³**（2）** 60πcm³

3 右の立体の表面積を求めましょう。
[各12点、計24点]

（1）底面が正方形で
　　4つの側面が
　　合同な四角錐　（2）円錐

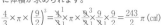

（1）この四角錐の側面は、4つの合同
な三角形（底辺は9cm、高さは10cm）です。
また、この四角錐の底面は、
1辺が9cmの正方形です。
だから、この四角錐の表面積は、次のように求められます。
$\underbrace{9\times10\div2\times4}_{側面積}+\underbrace{9\times9}_{＋底面積}=180+81=261\ (\text{cm}^2)$
三角形の面積

（2）「円錐の側面積＝母線×半径×π」なので、この円錐の側面積は
$\underbrace{11\times8\times\pi}_{母線×半径×\pi}=88\pi\ (\text{cm}^2)$　底面積は$8\times8\times\pi=64\pi\ (\text{cm}^2)$

だから表面積は$\underbrace{88\pi+64\pi}_{側面積＋底面積}=152\pi\ (\text{cm}^2)$

答え（1） 261cm²**（2）** 152πcm²

4 右の球の体積と表面積を求めましょう。
[各14点、計28点]

[体積] 半径を r とすると、球の体積＝$\frac{4}{3}\pi r^3$ です。
半径は $\frac{9}{2}$cmなので、rに $\frac{9}{2}$ を代入すると、次のよう
に体積が求められます。

$$\frac{4}{3}\times\pi\times\left(\frac{9}{2}\right)^3=\frac{\cancel{4}^1}{\cancel{3}_1}\times\pi\times\frac{\cancel{9}^3}{\cancel{2}_1}\times\frac{9}{2}\times\frac{9}{2}=\frac{243}{2}\pi\ (\text{cm}^3)$$

[表面積] 半径を r とすると、球の表面積＝$4\pi r^2$ です。半径は $\frac{9}{2}$cmなので、
rに $\frac{9}{2}$ を代入すると、次のように表面積が求められます。

$$4\times\pi\times\left(\frac{9}{2}\right)^2=\cancel{4}^1\times\pi\times\frac{9}{\cancel{2}_1}\times\frac{9}{\cancel{2}_1}=81\pi\ (\text{cm}^2)$$

答え 体積$\frac{243}{2}\pi$cm³、表面積81πcm²

中学校3年分の総まとめ
チャレンジテスト①
（PART1〜PART7のまとめ） 　本文152〜153ページ

※何度も復習したい方は、直接書き込まずノートを使うとよいでしょう。

1 次の計算をしましょう。
【各10点、計20点】

(1) $3+(-7)\times(-6\div2)$　　かっこの中の $(-6\div2)$ を計算
$=3+(-7)\times(-3)$
$=3+21$　　かけ算
$=24$　　たし算

(2) $\sqrt{98}-2\sqrt{27}+6\sqrt{3}-\sqrt{8}$　　$\sqrt{a^2b}=a\sqrt{b}$
$=7\sqrt{2}-2\times3\sqrt{3}+6\sqrt{3}-3\times2\sqrt{2}$
$=7\sqrt{2}-6\sqrt{3}+6\sqrt{3}-6\sqrt{2}$
$=\sqrt{2}$

2 次の計算をしましょう。
【各10点、計20点】

(1) $\dfrac{35}{18}xy\div\dfrac{14}{27}y$
$=\dfrac{35xy}{18}\div\dfrac{14y}{27}$　　文字を分子に移す
$=\dfrac{35xy}{18}\times\dfrac{27}{14y}$　　割り算をかけ算に直す
$=\dfrac{\overset{5}{\cancel{35}}\times x\times\cancel{y}\times\overset{3}{\cancel{27}}}{\underset{2}{\cancel{18}}\times\cancel{14}\times\cancel{y}}=\dfrac{15x}{4}$（または$\dfrac{15}{4}x$）
かけ算で分解して、数どうし、文字どうしを約分する

(2) $(y+7)^2-(y-3)(y+3)$
$(x+a)^2=x^2+2ax+a^2$
$(x-a)(x+a)=x^2-a^2$
$=(y^2+14y+49)-(y^2-9)$　　かっこを外す
$=y^2+14y+49-y^2+9$
$=14y+58$　　同類項をまとめる

3 1個80円の部品Aと1個95円の部品Bを合わせて39個買ったところ、代金の合計が3450円になりました。部品Aをいくつ買いましたか。1次方程式を使って解きましょう。
【20点】

買った部品Aの個数をx個とします。合わせて39個買ったので、部品Bの個数は$(39-x)$個と表せます。
（80円の部品Ax個の代金）＋（95円の部品B$(39-x)$個の代金）＝（代金の合計）という関係を式に表せば、右上のように方程式をつくれます。

$80x+95(39-x)=3450$　　かっこを外す
　部品A x個の代金　部品B $(39-x)$個の代金　代金の合計
$80x+3705-95x=3450$　　3705を移項
$80x-95x=3450-3705$
$-15x=-255$　　両辺を-15で割る
$x=17$

答え 17個

4 次の連立方程式を解きましょう。
【20点】

$\begin{cases}0.02x+0.09y=0.08 \cdots\cdots ❶\\ -\dfrac{x}{5}-\dfrac{3}{4}y=-\dfrac{1}{2} \cdots\cdots ❷\end{cases}$

❶の両辺を100倍すると次のようになります。
$(0.02x+0.09y)\times100=0.08\times100$
$2x+9y=8 \cdots\cdots ❸$

❷の両辺に、分母（5と4と2）の最小公倍数20をかけて、分母をはらいます。
$\left(-\dfrac{x}{5}-\dfrac{3}{4}y\right)\times20=-\dfrac{1}{2}\times20$
$-4x-15y=-10 \cdots\cdots ❹$

❸を2倍した式と❹をたすと
❸×2　$4x+18y=16$
❹ ＋）$-4x-15y=-10$
　　　　　　$3y=6$
　　　　　　　$y=2$

$y=2$を❸に代入すると
$2x+9\times2=8$
$2x+18=8$
$2x=8-18=-10$
$x=-5$

答え $x=-5$、$y=2$

5 右の図で、直線①と直線②の交点の座標を求めましょう。
【20点】

直線①は点$(0,1)$を通るので、$y=ax+1$とおけます。
直線①は点$(2,6)$を通ります。
だから、$x=2$、$y=6$を$y=ax+1$に代入すると$6=2a+1$
これを解くと、$a=\dfrac{5}{2}$と求められるので、
直線①の式は$y=\dfrac{5}{2}x+1$
直線②は点$(0,3)$を通るので、$y=ax+3$とおけます。
直線②は点$(1,0)$を通ります。
だから、$x=1$、$y=0$を$y=ax+3$に代入すると$0=a+3$
これを解くと、$a=-3$と求められるので、直線②の式は$y=-3x+3$
直線①の式と直線②の式の、連立方程式を解くと$x=\dfrac{4}{11}$、$y=\dfrac{21}{11}$

答え $\left(\dfrac{4}{11},\dfrac{21}{11}\right)$

中学校3年分の総まとめ
チャレンジテスト②
（PART8〜PART15のまとめ） 　本文154〜155ページ

※何度も復習したい方は、直接書き込まずノートを使うとよいでしょう。

1 $3x^2-30x+75$を因数分解しましょう。
【10点】

$3x^2-30x+75$　　共通因数の3をかっこの外にくくり出す
$=3(x^2-10x+25)$　　$x^2-2ax+a^2=(x-a)^2$
$=3(x-5)^2$

2 次の方程式を解きましょう。
【各10点、計20点】

(1) $x^2+14x+48=0$
左辺を、$x^2+(a+b)x+ab=(x+a)(x+b)$の公式で因数分解すると
$(x+6)(x+8)=0$
$x+6=0$　または　$x+8=0$

答え $x=-8$、$x=-6$

(2) $5x^2-7x+1=0$
解の公式に、$a=5$、$b=-7$、$c=1$を代入して計算すると
$x=\dfrac{-(-7)\pm\sqrt{(-7)^2-4\times5\times1}}{2\times5}$
$=\dfrac{7\pm\sqrt{49-20}}{10}=\dfrac{7\pm\sqrt{29}}{10}$

答え $x=\dfrac{7\pm\sqrt{29}}{10}$

3 $y=-\dfrac{3}{2}x^2$について、次の問いに答えましょう。
【(1)はすべて正解で10点、(2)10点、計20点】

(1) 右の表を完成させましょう。

x	$\cdots$	-4	-2	0	2	4	$\cdots$
y	$\cdots$	-24	-6	0	-6	-24	$\cdots$

$y=-\dfrac{3}{2}x^2$のxにそれぞれの値を代入して、yの値を求めると、右上のようになります。

(2) xの値が-4から-2まで変化するときの、変化の割合を求めましょう。
xの値は-4から-2まで変化するので、xの増加量は$-2-(-4)=-2+4=2$です。
(1)の表から、yの値は-24から-6まで変化しているので、yの増加量は$-6-(-24)=-6+24=18$です。
変化の割合$=\dfrac{y\text{の増加量}}{x\text{の増加量}}=\dfrac{18}{2}=9$

答え 9

4 9人の生徒が、ある月に、図書館で借りた本の冊数は、それぞれ次のようになりました。このデータの四分位範囲は何冊ですか。
【15点】

10　7　5　8　11　7　10　5　7

このデータを小さい順に並べて、四分位数を調べると、次のようになります。

第2四分位数（中央値）

5　$\underbrace{5\ 7}_{(5+7)\div2=6}$　7　⑦　7　$\underbrace{10\ 10}_{(10+10)\div2=10}$　11
　　第1四分位数　　　　　　　　　第3四分位数

四分位範囲＝第3四分位数－第1四分位数＝10−6＝4（冊）　**答え 4冊**

5 右の図形で、$AB=DB$、$\angle BAC=\angle BDE$のとき、$AC=DE$であることを証明しましょう。
【15点】

$\triangle ABC$と$\triangle DBE$において、
仮定より、$AB=DB\cdots$①
$\angle BAC=\angle BDE\cdots$②
$\angle B$は、2つの三角形の共通な角なので、$\angle ABC=\angle DBE\cdots$③
①、②、③より、1組の辺とその両端の角がそれぞれ等しいので、
$\triangle ABC\equiv\triangle DBE$
合同な図形の対応する辺の長さは等しいので、$AC=DE$

6 右の円錐について、次の問いに答えましょう。
【各10点、計20点】

(1) xにあてはまる数を求めましょう。
底面の半径（長さが$x$cm）、高さ、母線を3辺にもつ、右のような直角三角形を考えます。17cmの辺（母線）が斜辺です。
三平方の定理より、$x^2+15^2=17^2$、$x^2+225=289$、$x^2=289-225=64$
$x>0$なので、$x=8$

答え 8

(2) この円錐の体積を求めましょう。
「錐体の体積$=\dfrac{1}{3}\times$底面積$\times$高さ」なので、
$\dfrac{1}{3}\times8\times8\times\pi\times15=320\pi$（cm³）
$\dfrac{1}{3}\times$ 底面積 $\times$高さ

答え 320π cm³